Thomas Laubis · Wiebke Meyer

Rechnen mit Rico Schnabel 2

Selbstständig Größen
und Sachrechnen trainieren

W0296857

Name: ______________________________

Klasse: __________

Mildenberger

Inhaltsverzeichnis

Themen	Seite	Themenblöcke
Geld, Längen, Zeit	3	Größen 
Längen vergleichen	4	
Messen mit Körpermaßen	5	
Messen mit der Meter-Schnur	6	
Messen mit Zentimeter	7	
Strecken messen	8	Längen 
Strecken zeichnen	9	
Rechtecke messen	10	
Rechtecke zeichnen	11	
Figuren messen	12	
Figuren zeichnen	13	
Sachaufgaben – Meter	14 – 15	Sachaufgaben 
Sachaufgaben – Zentimeter	16 – 17	
Euro und Cent ordnen	18	
Euro	19	
Cent	20	Geld 
Euro und Cent	21 – 23	
Geld wechseln	24	
Sachaufgaben – Geld	25 – 28	Sachaufgaben 
Uhren	29	
Uhrzeiten ablesen – ganze Stunden	30	
Uhrzeiten zeichnen – ganze Stunden	31	
Uhrzeiten ablesen – viertel und halbe Stunden	32	Uhr 
Uhrzeiten zeichnen – viertel und halbe Stunden	33	
Uhrzeiten – analog und digital	34	
Zeitspannen	35 – 37	
Sachaufgaben – Uhrzeiten	38 – 39	Sachaufgaben 
Kalender – Wochentage	40	Kalender 
Kalender – Monate	41	
Sachaufgaben – Kalender	42 – 43	Sachaufgaben 
Sachaufgaben – Beim Sportfest	44 – 47	
Größen üben	48	Größen 

1 Was gehört zu Geld, zu Längen und zu Zeit? Verbinde.

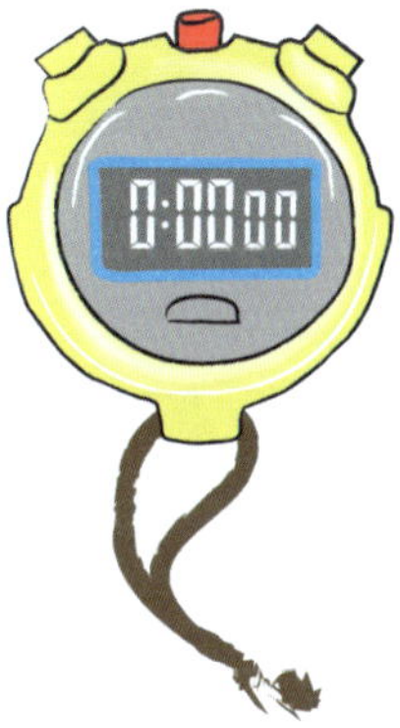

Geld

Längen

Zeit

2 Male die Wortkarten passend an.

Geld | Längen | Zeit

Zentimeter | Euro | Meter | Stunde | Minute

Monat | Cent | Tag

1 Welche Schnur ist länger? Kreuze an. 

a) 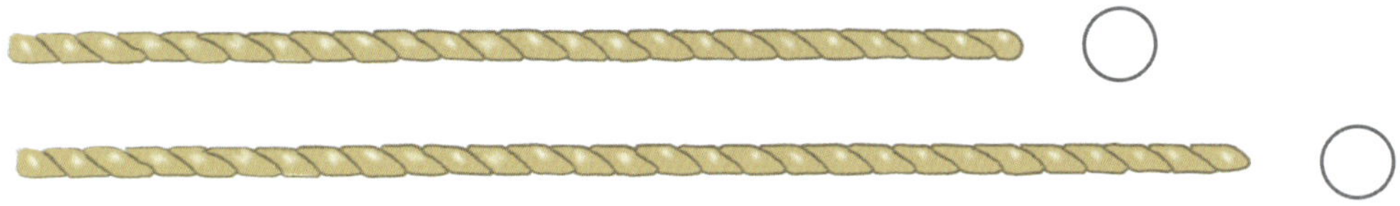

b) 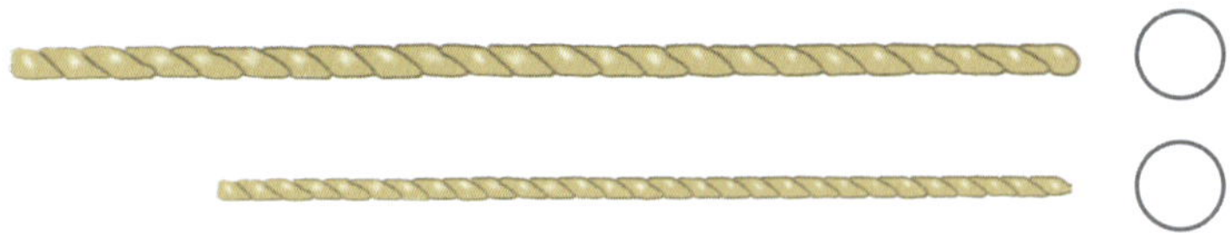

c) 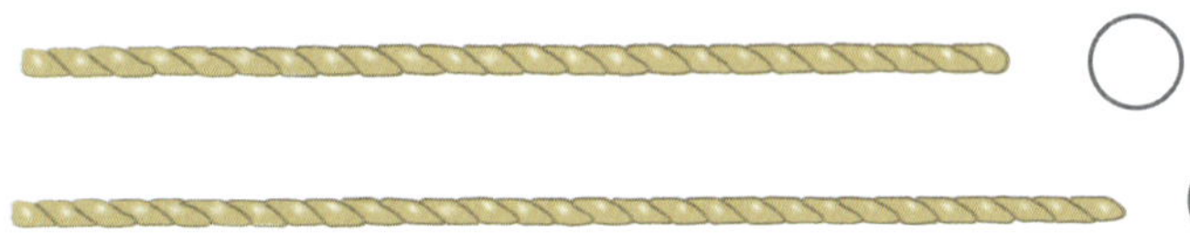

d) 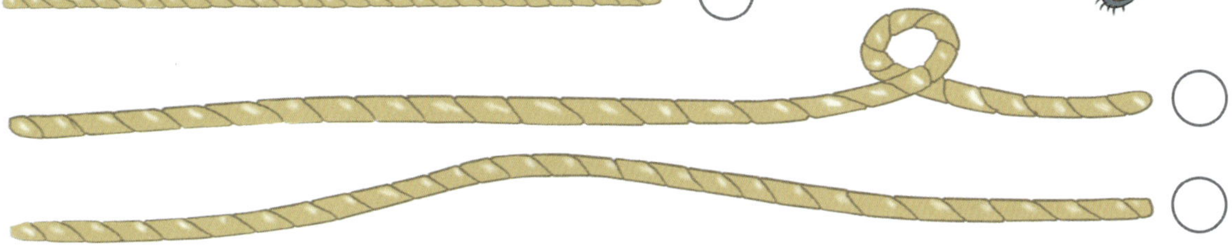

2 Ordne die Stifte nach der Länge. Schreibe die Zahlen von 1 bis 6.
Beginne mit dem kürzesten Stift.

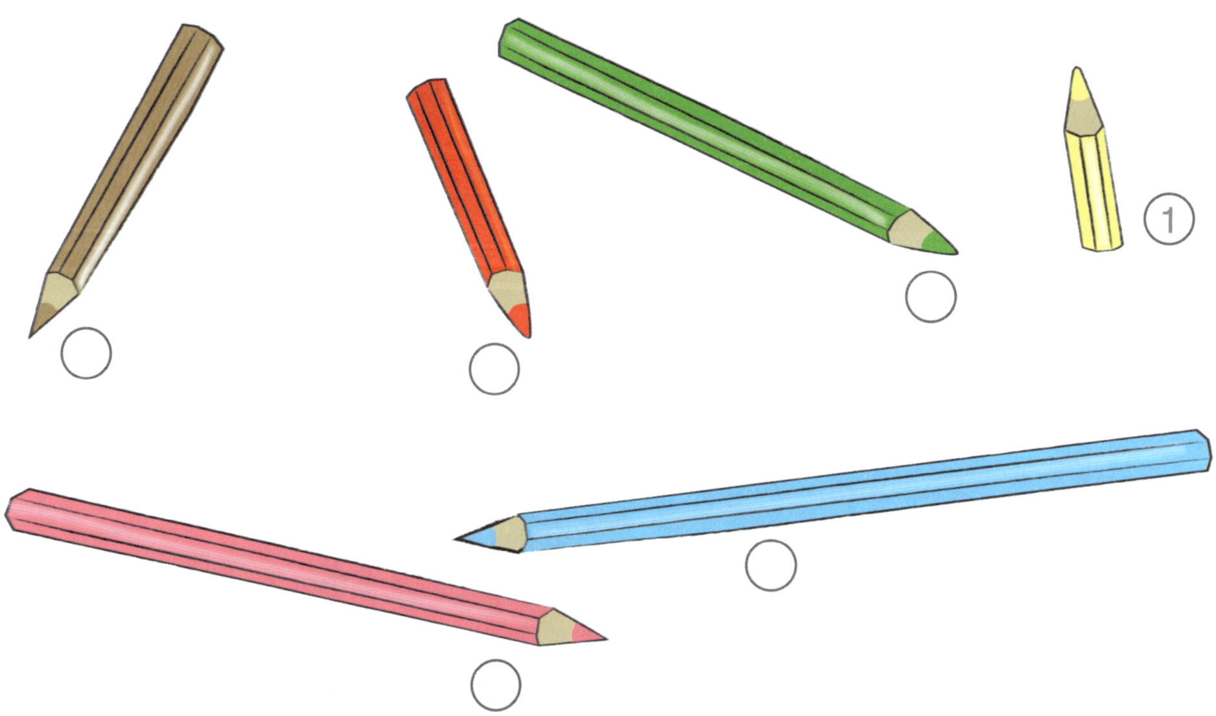

Messen mit Körpermaßen

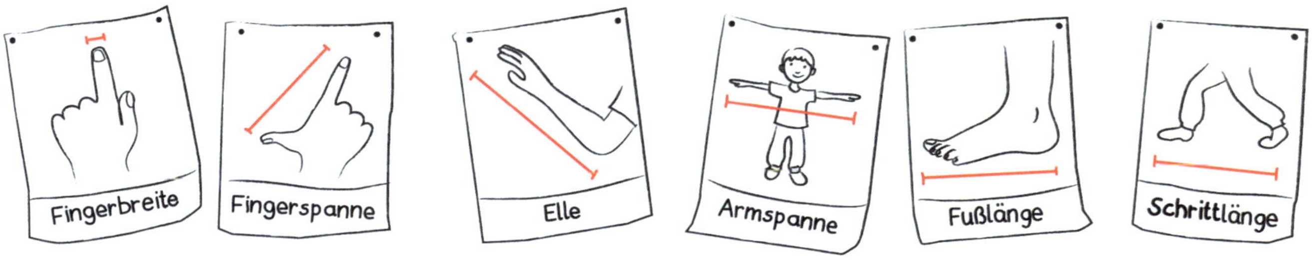

1 Miss mit deinem Körper.

	Breite des Hefts	Länge des Bleistifts	Länge des Radiergummis	Länge der Schere
Fingerbreiten				

	Breite des Tischs	Länge des Tischs	Länge des Hefts	Höhe der Schultasche
Fingerspannen				

	Breite der Tür	Breite des Schranks	Länge des Zimmers	Breite des Zimmers
Ellen				

2 Schätze zuerst, wie viele Schrittlängen die Dinge lang sind.
Miss nun die Längen mit Schritten und vergleiche mit deiner Schätzung.

	Länge des Zimmers	Breite des Zimmers	Länge des Flurs	Länge des Hauses
Schrittlängen geschätzt				
Schrittlängen gemessen				

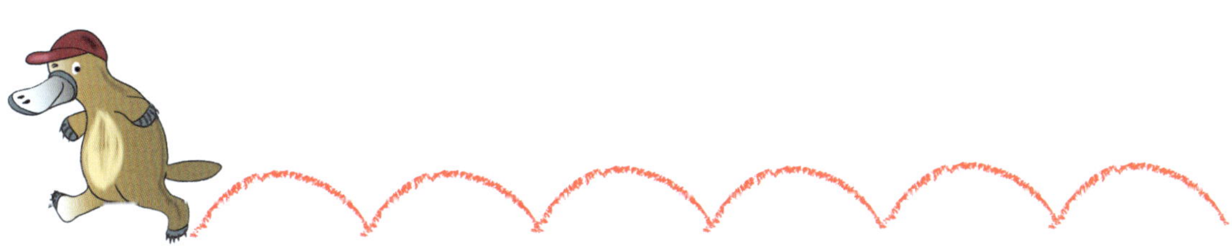

1 Schneide von einer Schnur genau einen Meter (m) ab.
Das ist deine Meter-Schnur.

2 Miss mit deiner Meter-Schnur und schreibe auf, wie viel Meter (m) die Dinge lang sind. Miss dann mit deiner Schrittlänge und schreibe auf. Was fällt dir auf?

	Meter (m)	Schrittlänge
Länge des Zimmers		
Breite des Zimmers		
Höhe der Tür		
Breite der Tür		
Länge des Hauses		
Breite des Hauses		
Länge meines Betts		

Mir fällt auf, dass ______________________

3 Ordne die Dinge nach der Länge. Beginne mit dem kürzesten Gegenstand.

Flugzeug

Elefant

Bett

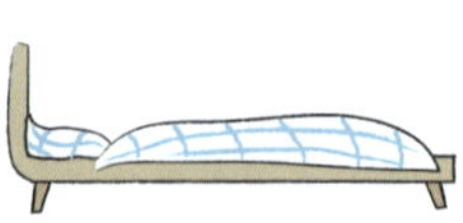

Zug

Bett, ______________________

1 Miss mit dem Lineal in Zentimeter (cm). Beginne immer bei 0.

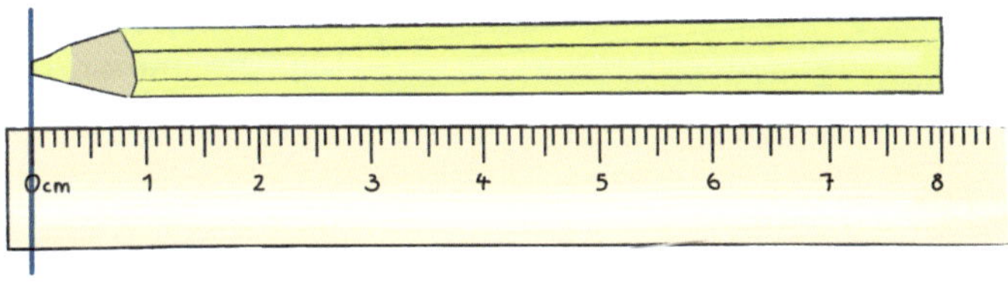

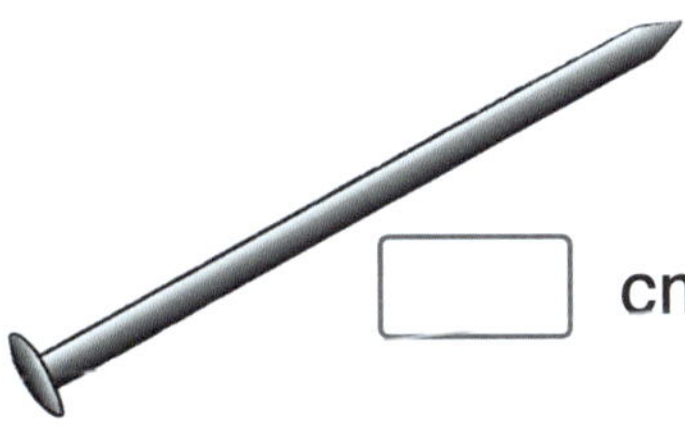

☐ cm

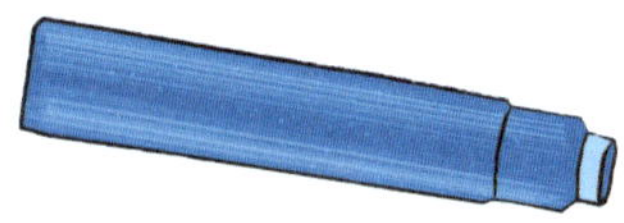

☐ cm

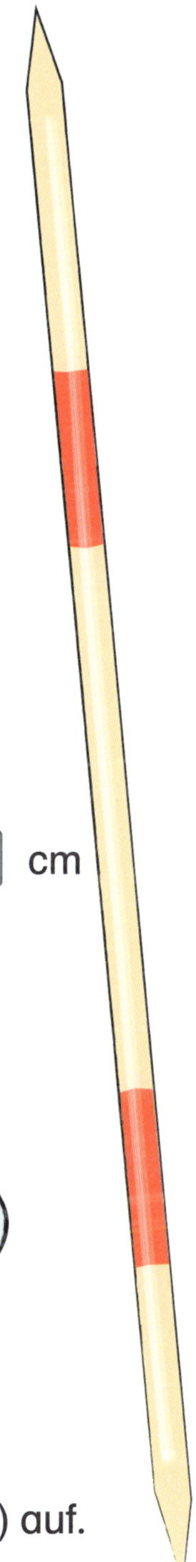

☐ cm

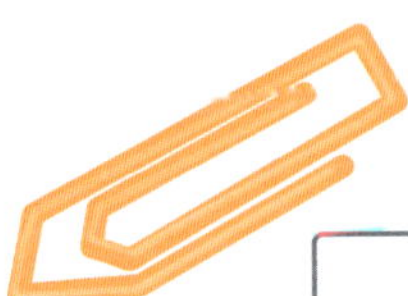

☐ cm

☐ cm

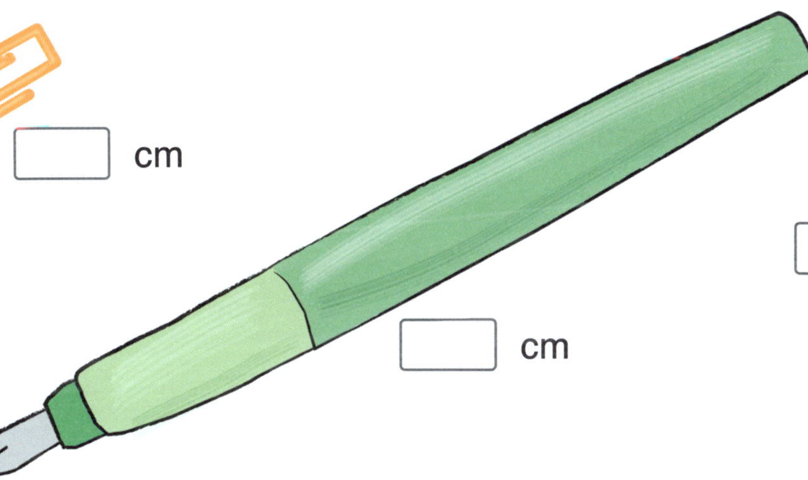

☐ cm

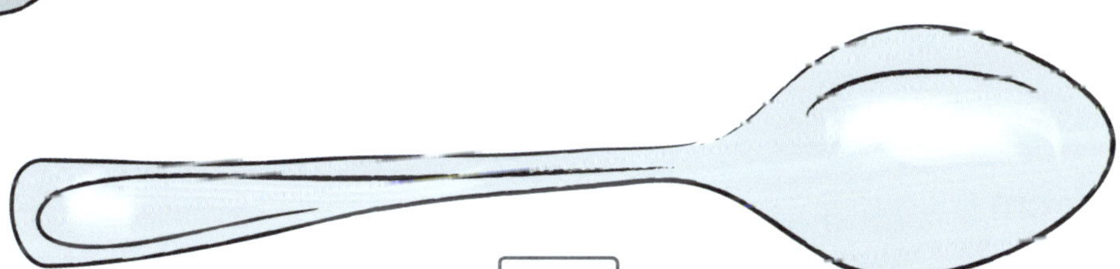

☐ cm

2 Miss andere Dinge und schreibe ihre Länge in Zentimeter (cm) auf.

__________ ☐ cm   __________ ☐ cm

__________ ☐ cm   __________ ☐ cm

1 Miss die Längen der Strecken und schreibe auf.

☐ cm ☐ cm

☐ cm

☐ cm ☐ cm

☐ cm

☐ cm ☐ cm

2 Wie lang sind die Strecken zusammen? Miss ihre Längen und schreibe eine Plusaufgabe auf. Rechne.

a)

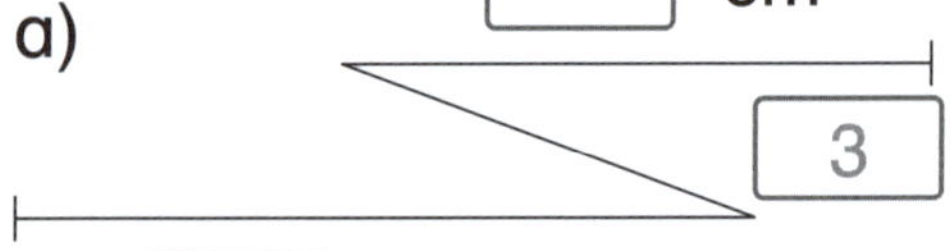

☐ cm

3 cm

5 cm

5 cm + 3 cm + ___ cm = ___ cm

b)

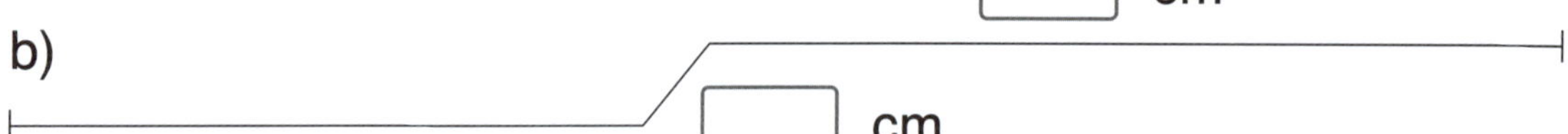

☐ cm

☐ cm

☐ cm

____

c)

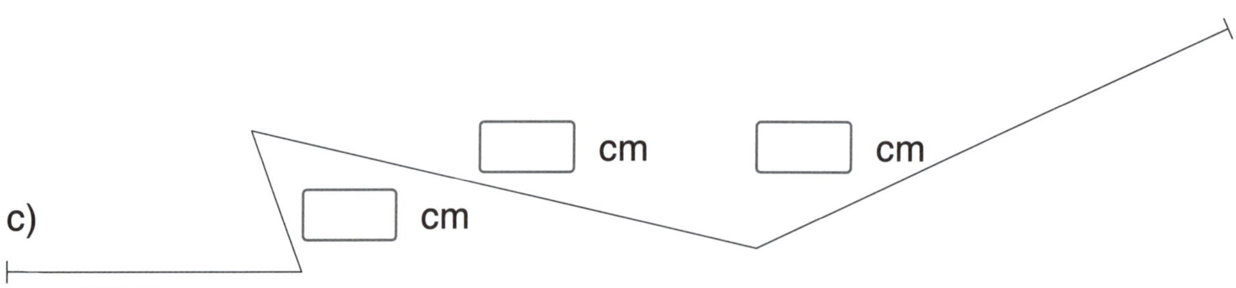

☐ cm ☐ cm

☐ cm

☐ cm

____

1 Zeichne Strecken. Verwende ein Lineal.
Das Karopapier hilft dir.

5 cm

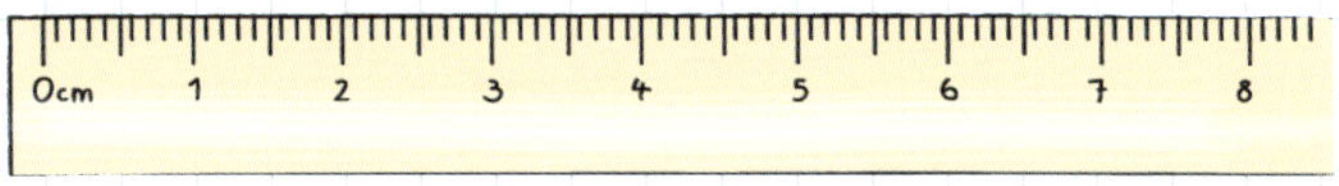

6 cm

2 cm

9 cm

11 cm

2 Zeichne Strecken. Verwende ein Lineal.

8 cm

3 cm

10 cm

7 cm

3 Der Floh Florian hüpft zuerst 12 cm, dann 5 cm und zum Schluss 7 cm.
Zeichne den Weg des Flohs mit Strecken.
Rechne aus, wie weit er insgesamt gehüpft ist.

1 Miss die Längen und die Breiten des Rechtecks. Was fällt dir auf?

Länge: ☐ cm

Breite: ☐ cm

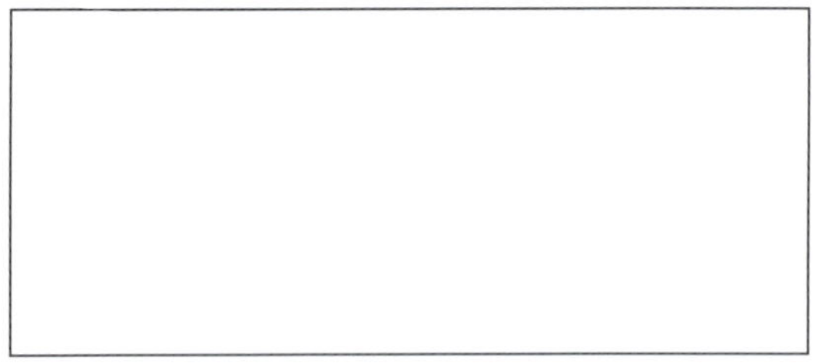

Breite: ☐ cm

Länge: ☐ cm

Mir fällt auf, dass ______________________________

2 Miss die Längen und die Breiten der Rechtecke.

Länge: ☐ cm
Breite: ☐ cm

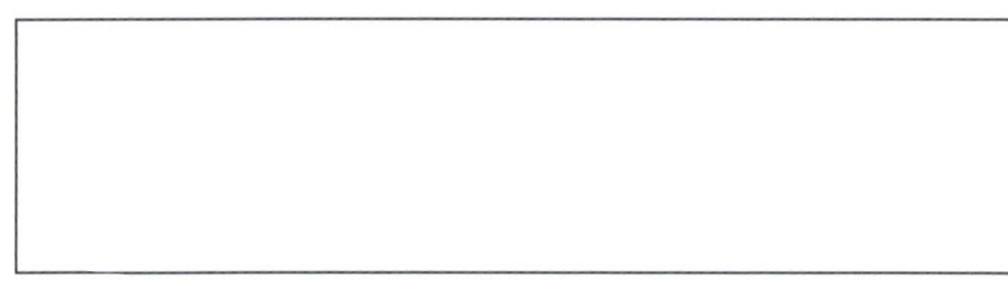

Länge: ☐ cm
Breite: ☐ cm

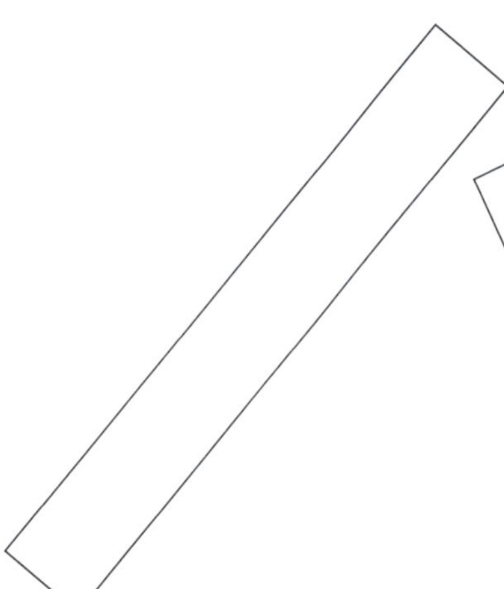

Länge: ☐ cm
Breite: ☐ cm

Länge: ☐ cm
Breite: ☐ cm

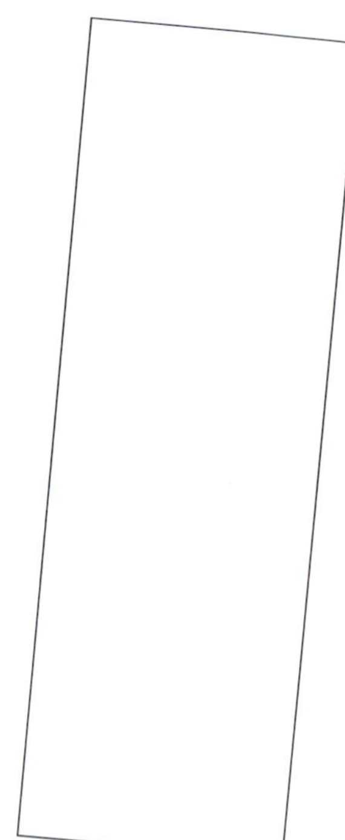

Länge: ☐ cm
Breite: ☐ cm

Rechtecke zeichnen

1 Zeichne Rechtecke. Verwende ein Lineal. Das Karopapier hilft dir.

a) Länge: 5 cm   Breite: 2 cm

b) Länge: 8 cm   Breite: 5 cm

c) Länge: 6 cm   Breite: 4 cm

2 Zeichne ein eigenes Rechteck. Schreibe die Länge und Breite auf.

1 Miss die Strecken in den Figuren.

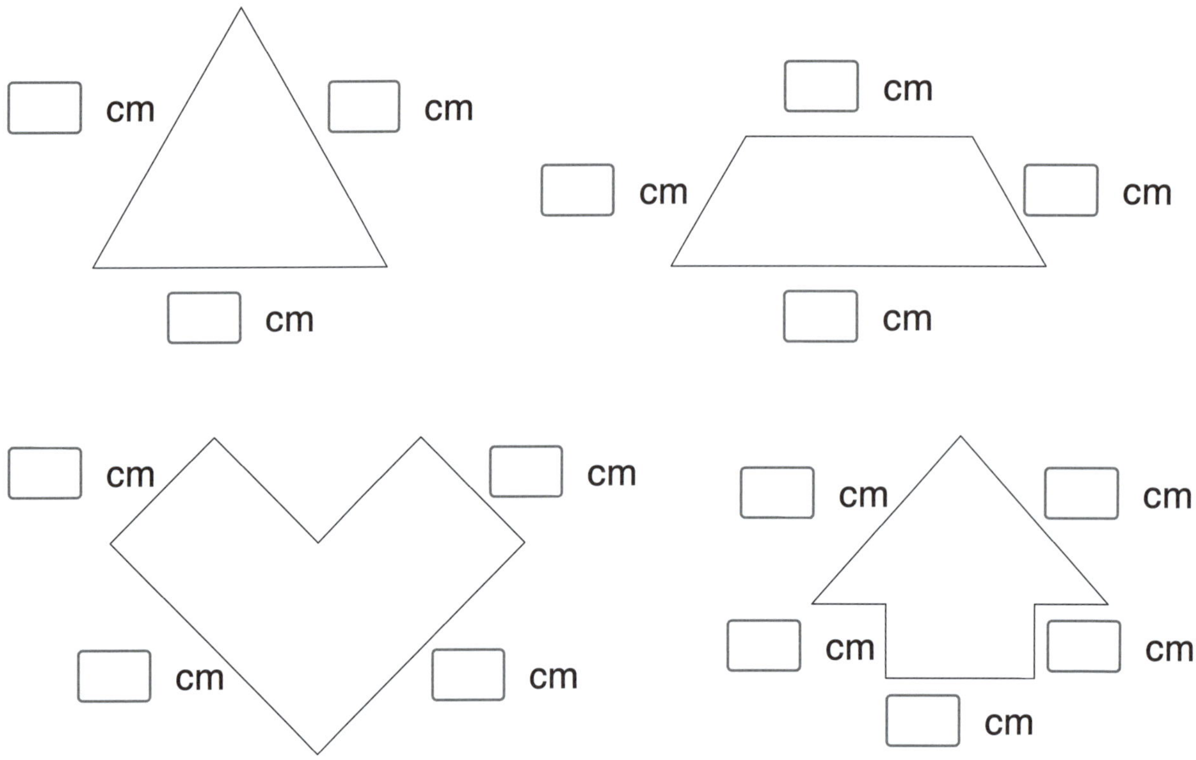

2 Miss mit dem Lineal …

a) die angegebenen Strecken a, b und c

b) drei selbst gewählte Strecken d, e und f. Beschrifte sie und miss ihre Längen.

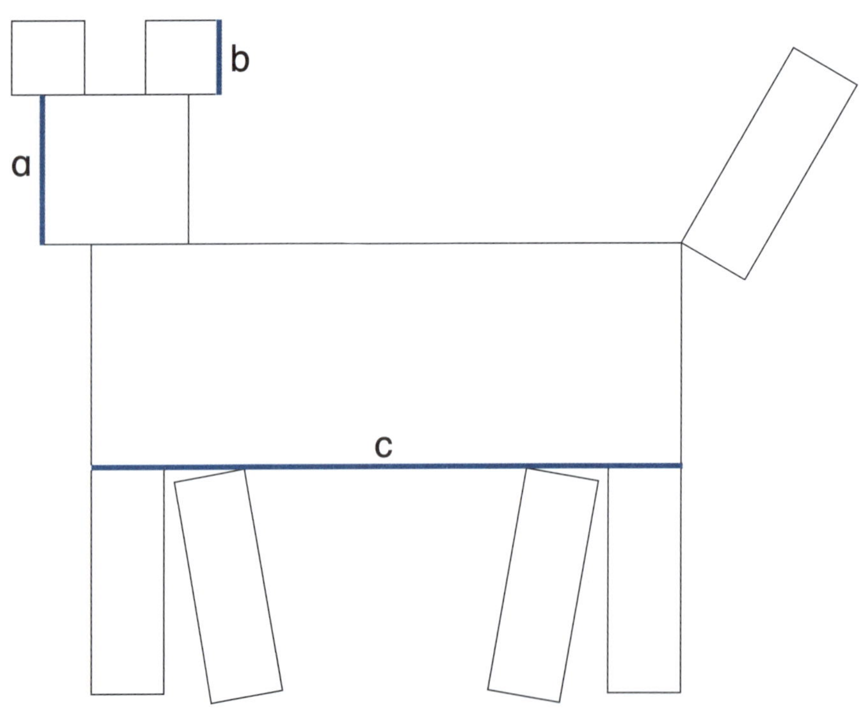

a: ☐ cm

b: ☐ cm

c: ☐ cm

d: ☐ cm

e: ☐ cm

f: ☐ cm

1 Zeichne die Figuren genau ab. Verwende ein Lineal. Das Karopapier und die roten Startpunkte helfen dir.

a)

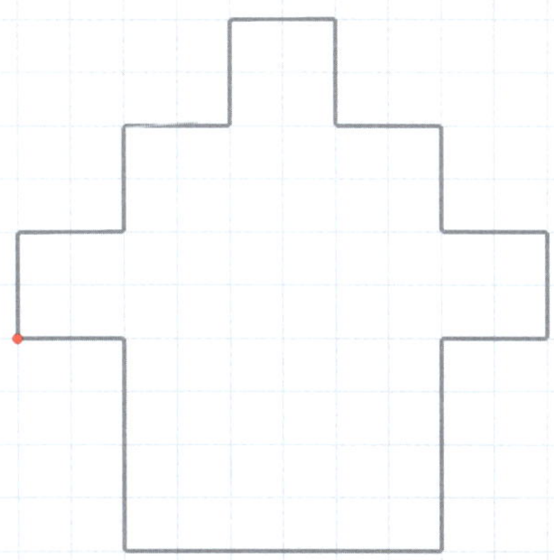

b)

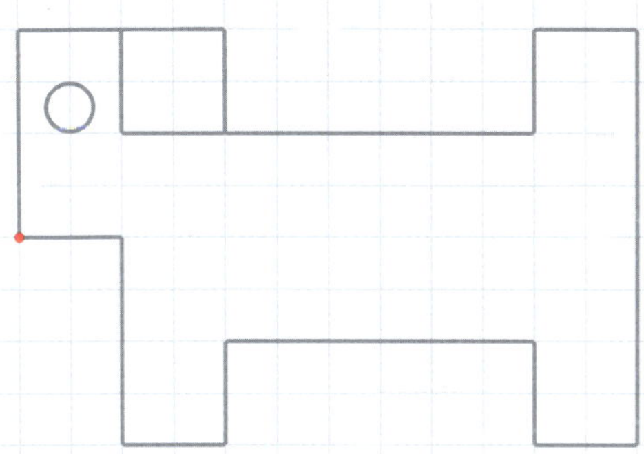

c)

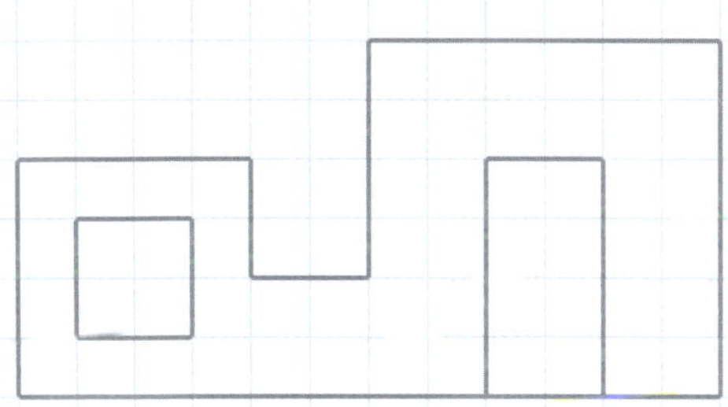

d)

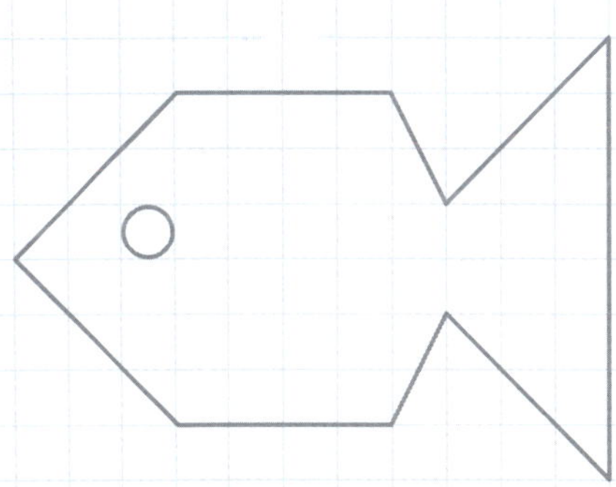

1 Ergänze den Lösungsweg (L) mit Skizze und Rechnung.
Schreibe eine Antwort (A) auf.

a) Der Elefant kann bis zu 4 m groß werden, die Giraffe wird bis zu 6 m hoch.

F: Wie viel Meter ist die Giraffe größer als der Elefant?

L: Skizze:

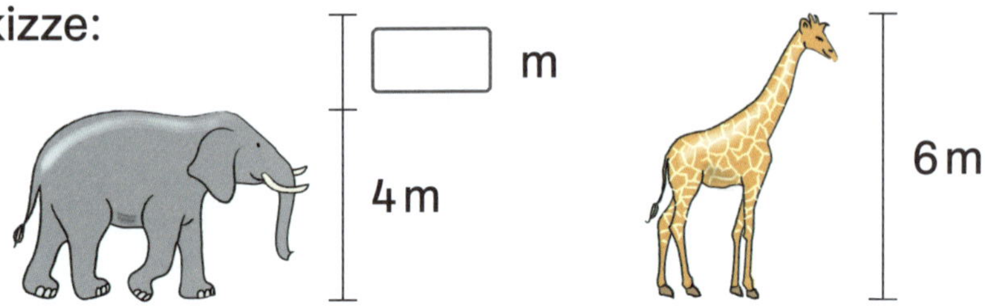

Rechnung:

A: ______________________________

b) Der Blauwal wird bis zu 33 m lang. Der Weiße Hai ist 27 m kürzer.

F: Wie viel Meter ist der Weiße Hai lang?

L: Skizze:

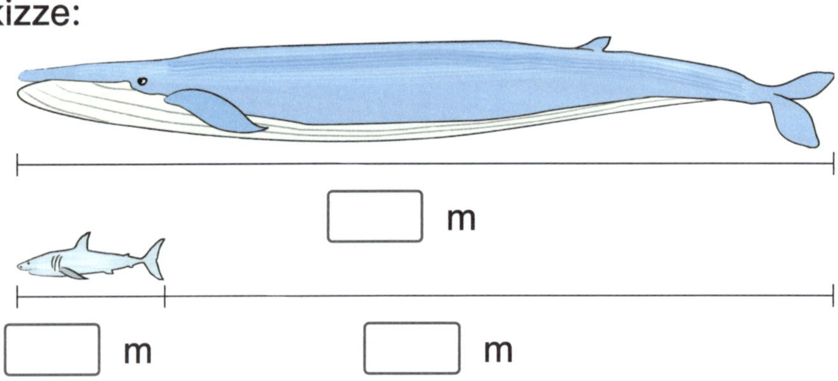

Rechnung:

33 m – 27 m =

33 m – 20 m = 13 m

13 m – 7 m = 6 m

A: ______________________________

1 Finde den Lösungsweg (L) mit Skizze und Rechnung.
Schreibe eine Antwort (A) auf.

a) Die Kirche ist 36 m hoch. Das Schulhaus ist 14 m hoch.

F: Wie viel Meter ist die Kirche höher als das Schulhaus?

L: Skizze:

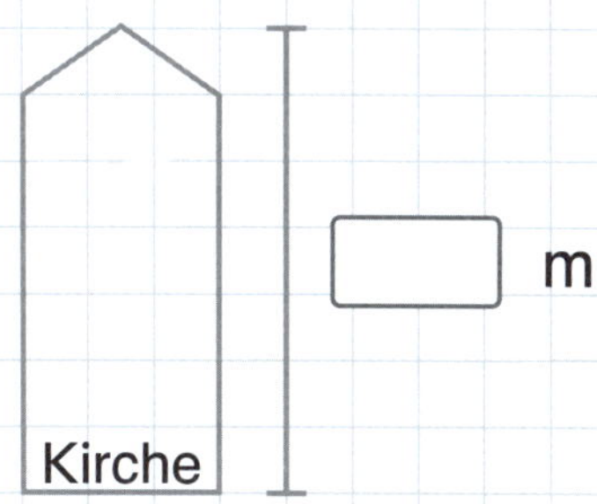

Rechnung:

A: ______________________________

b) Maja wirft den Ball 15 m weit. Aaron wirft ihn 8 m weiter.

F: Wie weit wirft Aaron den Ball?

L: Skizze:

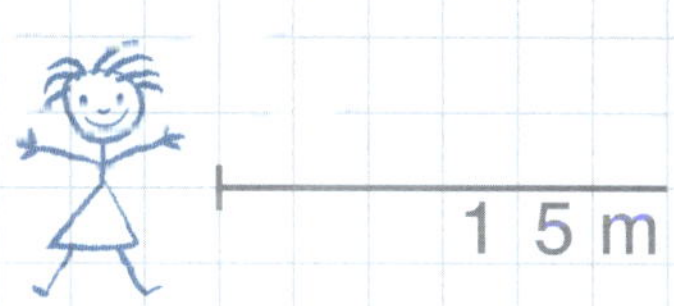

Rechnung:

A: ______________________________

1 Ergänze den Lösungsweg (L) mit Skizze und Rechnung.
Schreibe eine Antwort (A) auf.

a) Frau Meyer hat eine 35 cm hohe Waldkiefer in ihrem Garten gepflanzt.
Im ersten Jahr ist sie 52 cm gewachsen.

F: Wie groß ist die Waldkiefer jetzt?
L: Skizze:

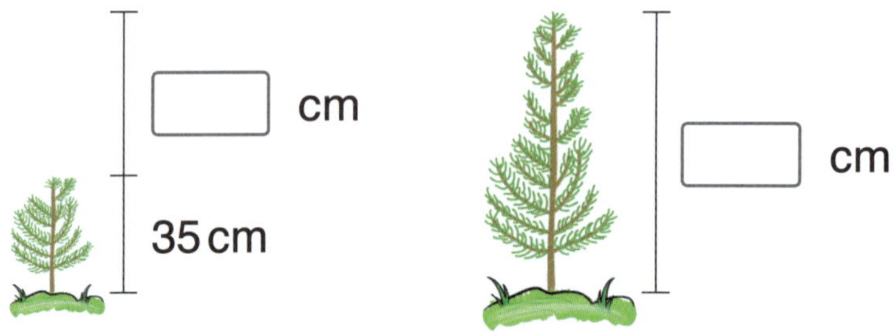

Rechnung:

A: ______________________________

b) Für seinen Blumenkasten kauft Herr Butt ein Brett als Unterlage.
Das Brett ist 80 cm lang. Damit es genau passt, sägt Herr Butt 25 cm ab.

F: Wie lang ist der Blumenkasten?
L: Skizze:

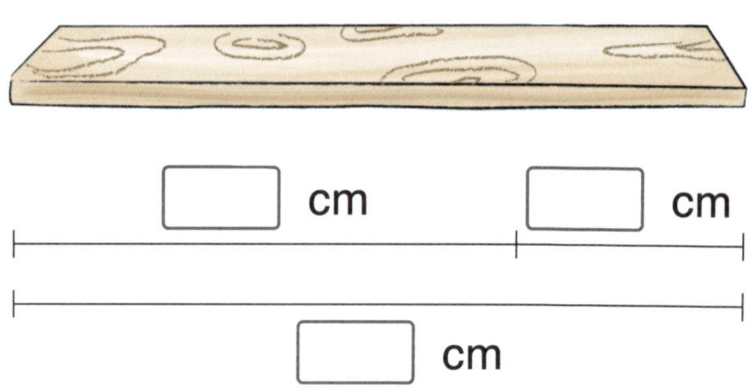

Rechnung:

A: ______________________________

1 Finde den Lösungsweg (L) mit Skizze und Rechnung.
Schreibe eine Antwort (A) auf.

a) Ella war bei der Geburt 48 cm groß. Bis zu ihrem 1. Geburtstag ist sie 31 cm gewachsen.

F: Wie groß war Ella an ihrem 1. Geburtstag?
L: Skizze:

Rechnung:

A: ______________________________

b) An ihrem 2. Geburtstag war Ella 92 cm groß.

F: Wie viel Zentimeter ist sie seit ihrem 1. Geburtstag gewachsen?

L: Skizze:

Rechnung:

A: ______________________________

1 Euro (€) oder Cent (ct)? Verbinde.

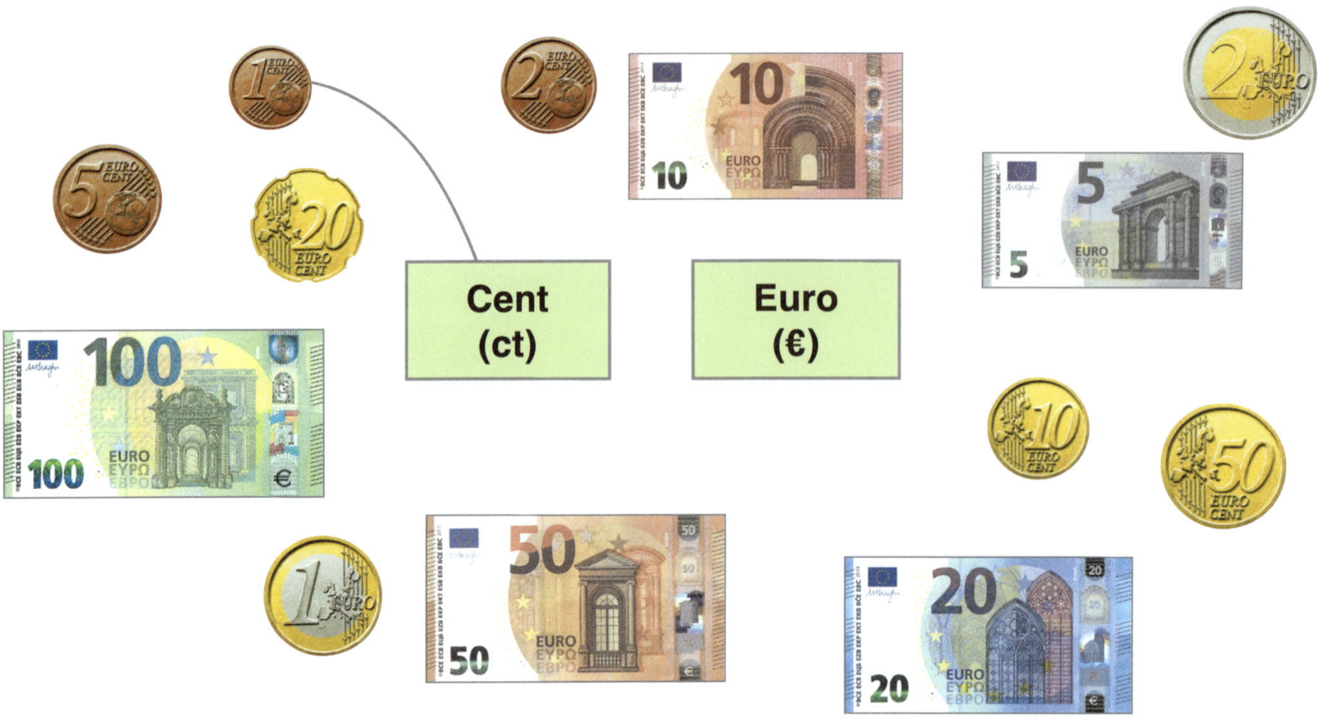

2 Sortiere Euro (€) und Cent (ct). Schreibe die Zahlen 1, 2, 3 …
Beginne mit dem kleinsten Wert.

1 Wie viel Euro (€) sind es? Rechne im Kopf und schreibe.

13 €

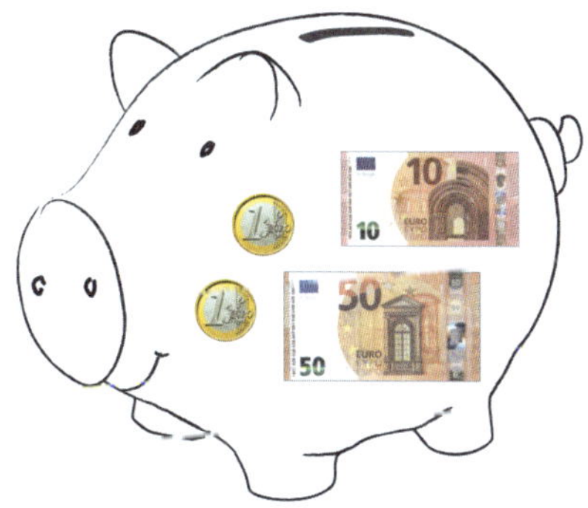

1 Wieviel Cent (ct) sind es? Rechne im Kopf und schreibe.

35 ct

1 Zeichne die Euro-Beträge mit Scheinen und Münzen.

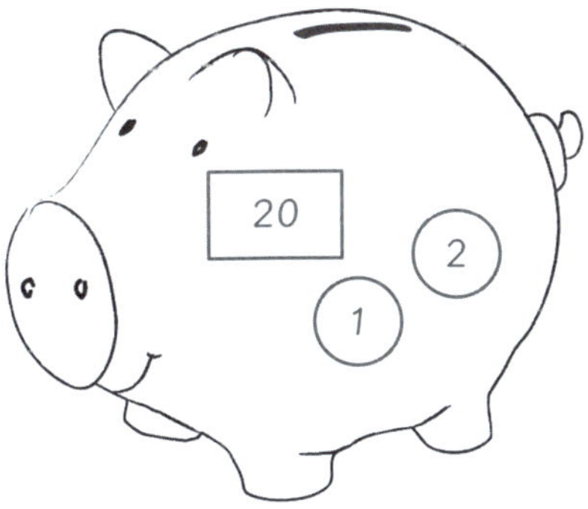

23 €

41 €

57 €

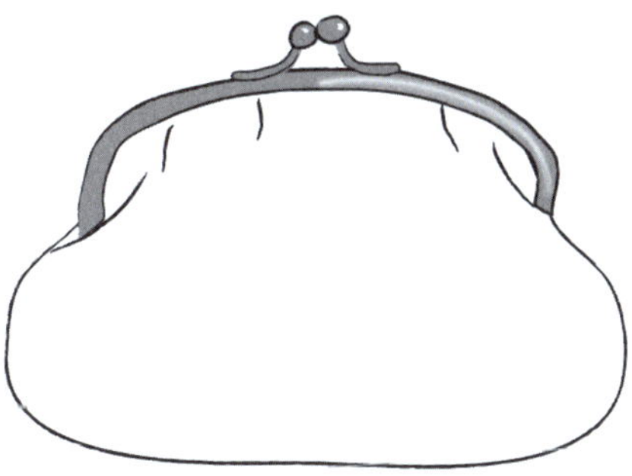

66 €

82 €

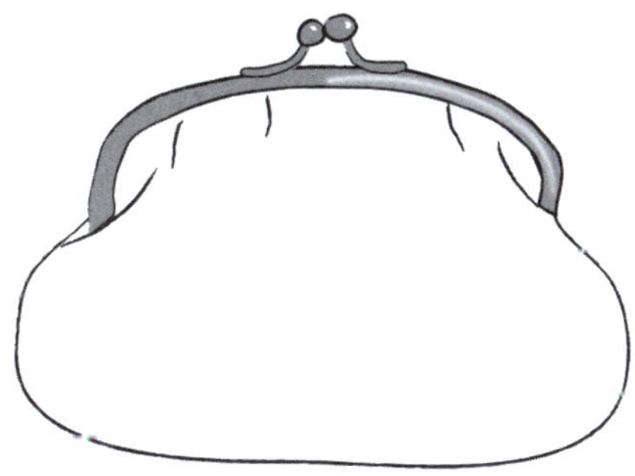

90 €

2 Zeichne die Cent-Beträge mit Münzen.

17 ct

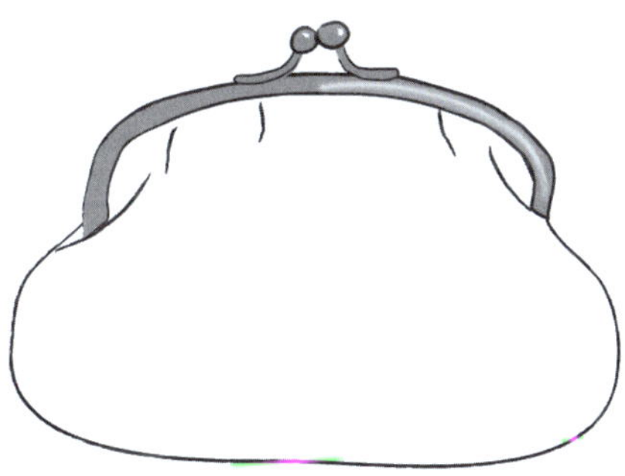

35 ct

71 ct

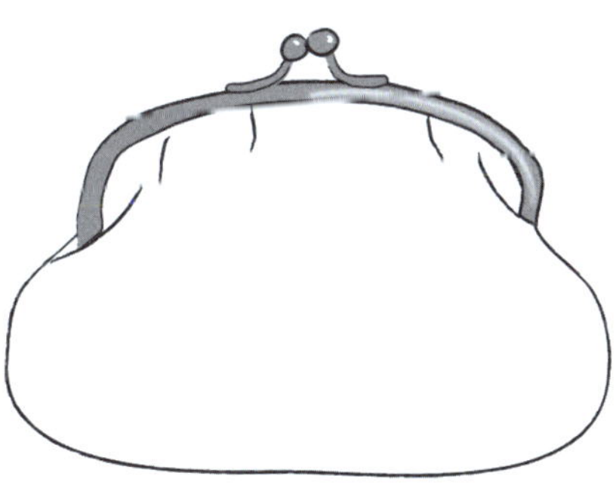

58 ct

44 ct

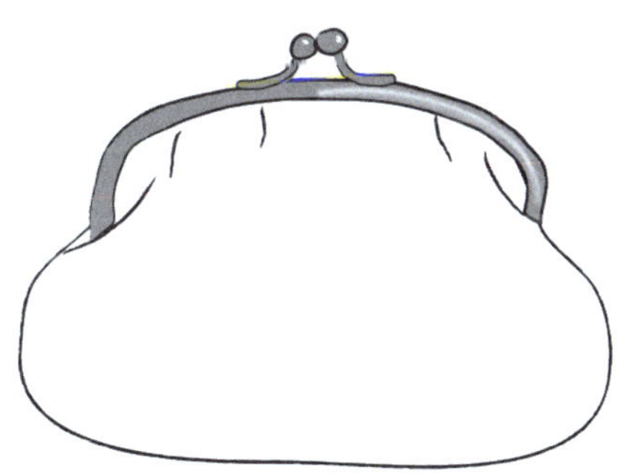

82 ct

1 Wie viel Euro (€) und Cent (ct) sind es? Rechne im Kopf und schreibe.

25 € 60 ct

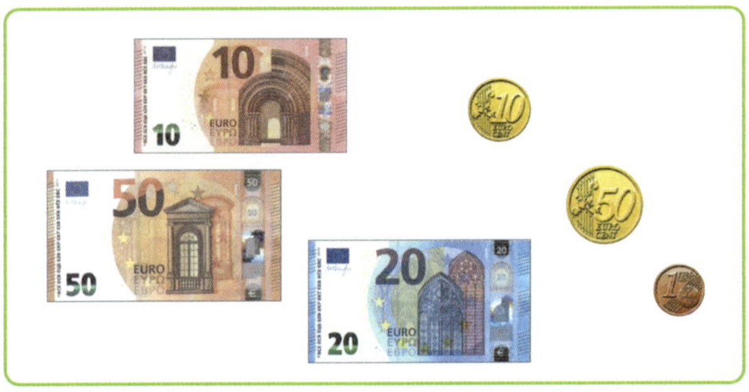

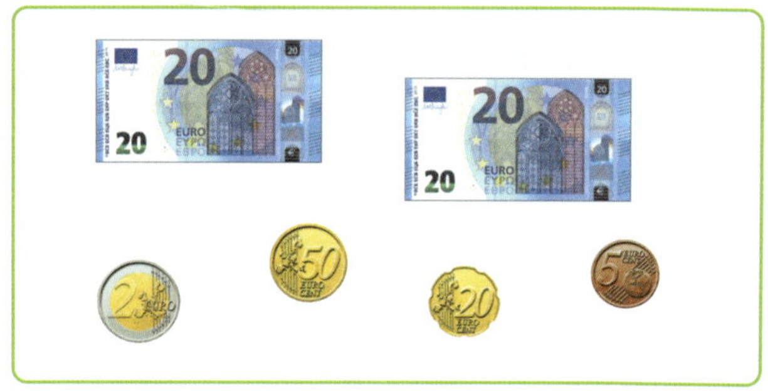

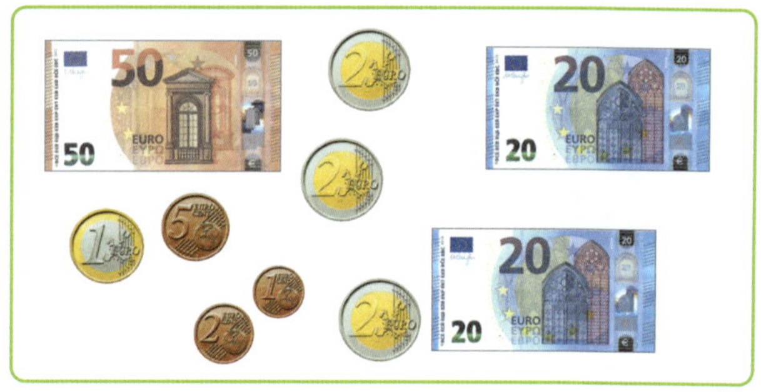

2 Benutze möglichst wenig Scheine und Münzen. Zeichne.

50

51 € 72 ct

32 € 19 ct

1 Wie viel Euro (€) sind es? Kreise immer 100 Cent (ct) ein.

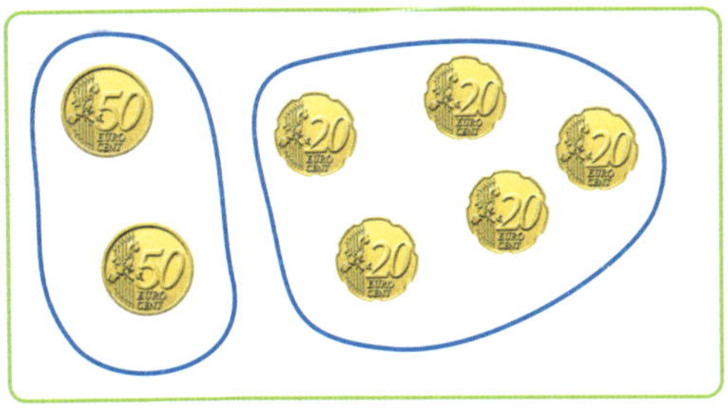

2€

2 Wie viel Euro (€) und Cent (ct) sind es?
Kreuze das richtige Ergebnis an.

- ◯ 3€ 60ct
- ◯ 3€ 20ct

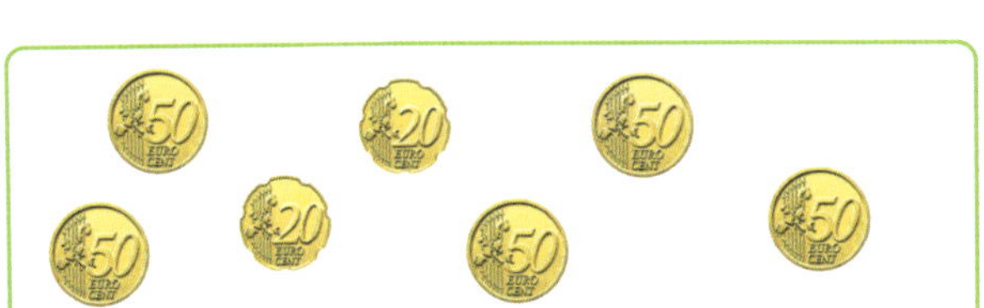

- ◯ 2€ 90ct
- ◯ 2€ 40ct

1 Wechsle die Scheine und Münzen.
Finde verschiedene Möglichkeiten. Zeichne.

a)

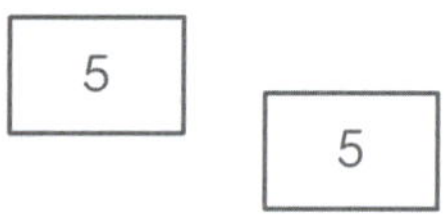

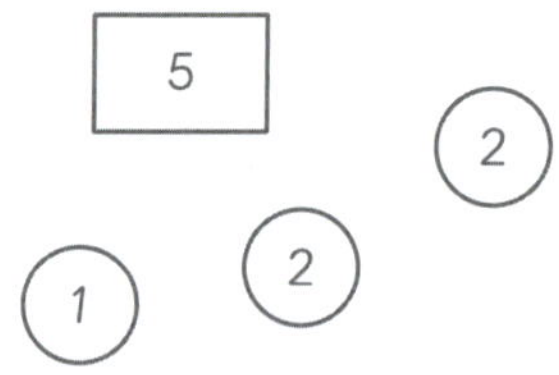

b)

c)

d)

e)

1 Was gehört zu Geld, zu Längen und zu Zeit? Verbinde.

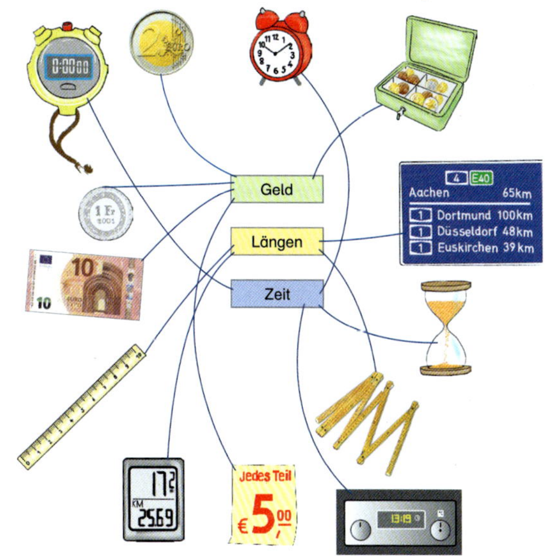

2 Male die Wortkarten passend an.

Geld | Längen | Zeit

Zentimeter | Euro | Meter | Stunde | Minute

Monat | Cent | Tag

1 Welche Schnur ist länger? Kreuze an.

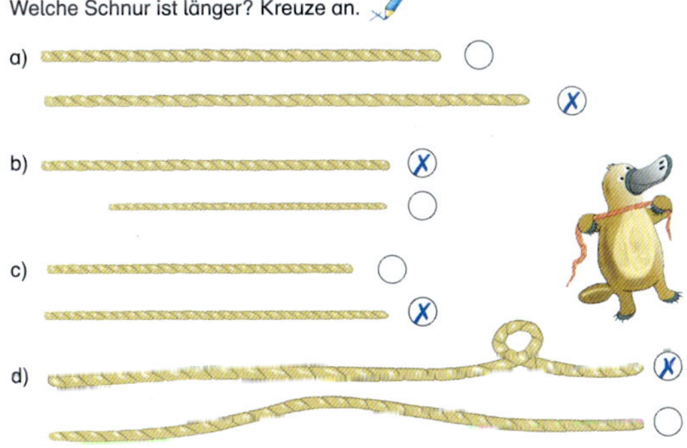

2 Ordne die Stifte nach der Länge. Schreibe die Zahlen von 1 bis 6. Beginne mit dem kürzesten Stift.

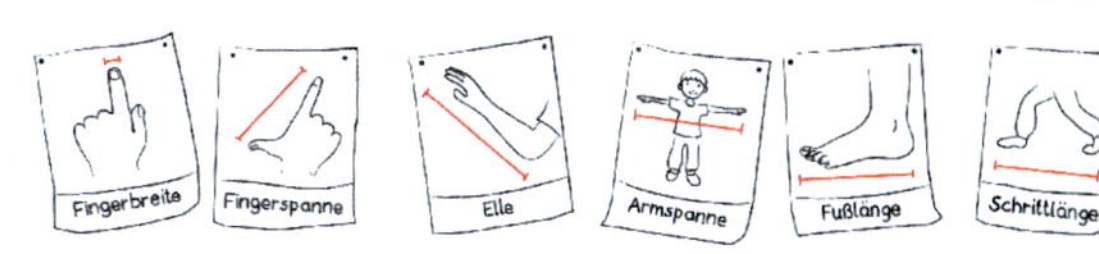

* **1** Miss mit deinem Körper.

	Breite des Hefts	Länge des Bleistifts	Länge des Radiergummis	Länge der Schere
Fingerbreiten				

	Breite des Tischs	Länge des Tischs	Länge des Hefts	Höhe der Schultasche
Fingerspannen				

	Breite der Tür	Breite des Schranks	Länge des Zimmers	Breite des Zimmers
Ellen				

* **2** Schätze zuerst, wie viele Schrittlängen die Dinge lang sind. Miss nun die Längen mit Schritten und vergleiche mit deiner Schätzung.

	Länge des Zimmers	Breite des Zimmers	Länge des Flurs	Länge des Hauses
Schrittlängen geschätzt				
Schrittlängen gemessen				

*Individuelle Lösung

Messen mit der Meter-Schnur

1 Schneide von einer Schnur genau einen Meter (m) ab. Das ist deine Meter-Schnur.

***2** Miss mit deiner Meter-Schnur und schreibe auf, wie viel Meter (m) die Dinge lang sind. Miss dann mit deiner Schrittlänge und schreibe auf. Was fällt dir auf?

	Meter (m)	Schrittlänge
Länge des Zimmers		
Breite des Zimmers		
Höhe der Tür		
Breite der Tür		
Länge des Hauses		
Breite des Hauses		
Länge meines Betts		

Mir fällt auf, dass es immer mehr Schrittlängen als Meter sind.

3 Ordne die Dinge nach der Länge. Beginne mit dem kürzesten Gegenstand.

Flugzeug Elefant Bett Zug

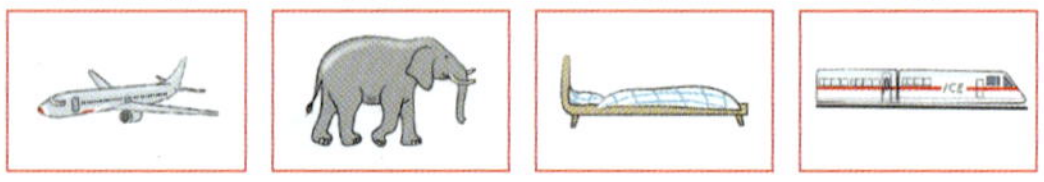

Bett, Elefant, Flugzeug, Zug

Messen mit Zentimeter

1 Miss mit dem Lineal in Zentimeter (cm). Beginne immer bei 0.

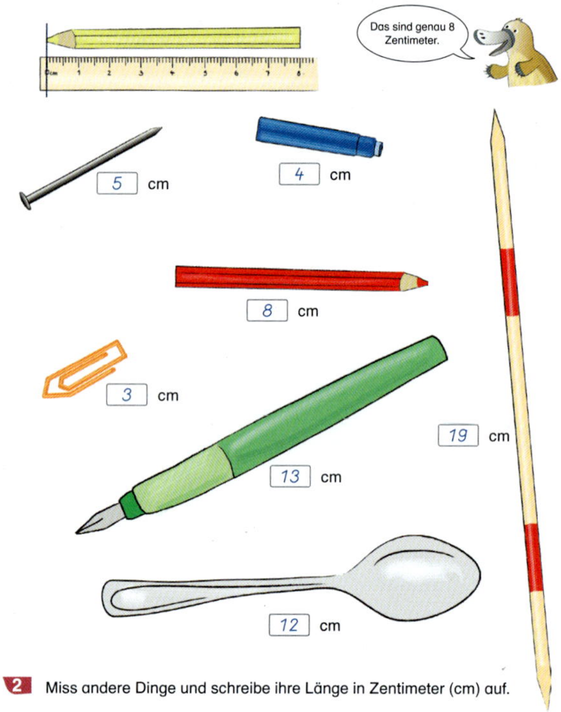

***2** Miss andere Dinge und schreibe ihre Länge in Zentimeter (cm) auf.

______ ☐ cm ______ ☐ cm
______ ☐ cm ______ ☐ cm

Strecken messen

1 Miss die Längen der Strecken und schreibe auf.

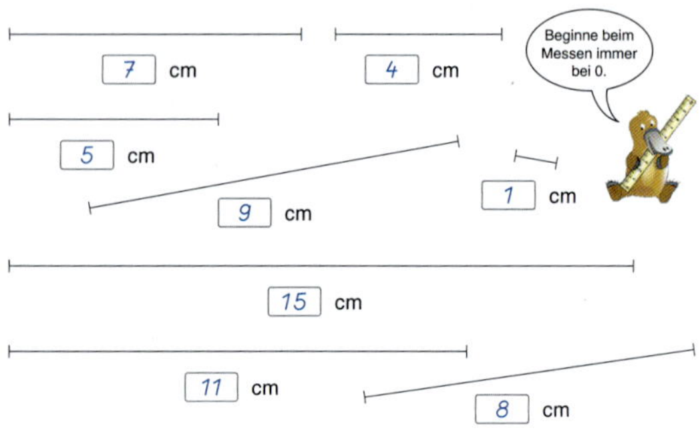

2 Wie lang sind die Strecken zusammen? Miss ihre Längen und schreibe eine Plusaufgabe auf. Rechne.

a) 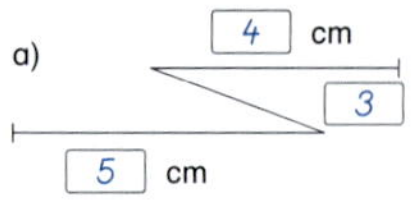

5 cm + 3 cm + 4 cm = 12 cm

b) 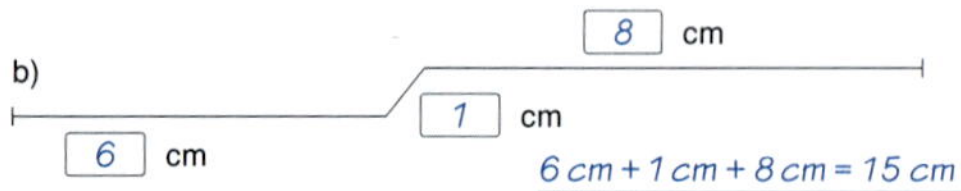

6 cm + 1 cm + 8 cm = 15 cm

c) 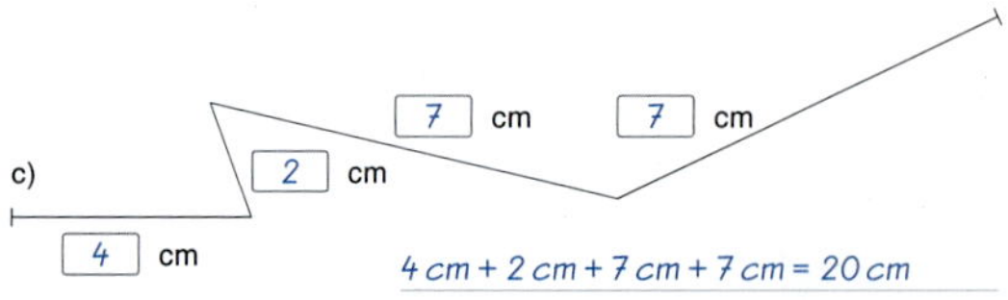

4 cm + 2 cm + 7 cm + 7 cm = 20 cm

Strecken zeichnen

1 Zeichne Strecken. Verwende ein Lineal. Das Karopapier hilft dir.

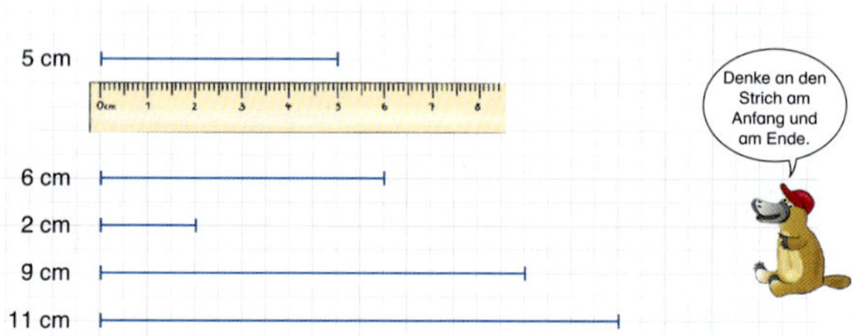

2 Zeichne Strecken. Verwende ein Lineal.

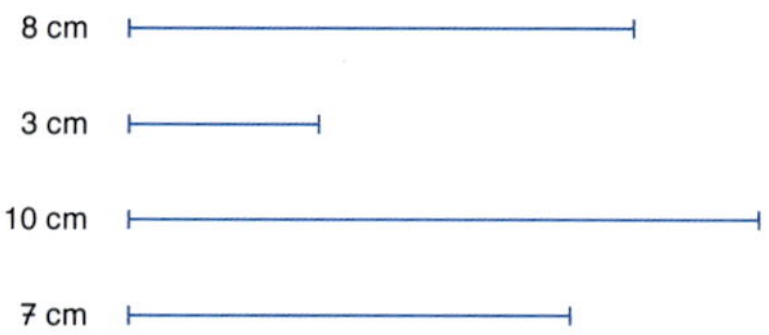

3 Der Floh Florian hüpft zuerst 12 cm, dann 5 cm und zum Schluss 7 cm. Zeichne den Weg des Flohs mit Strecken. Rechne aus, wie weit er insgesamt gehüpft ist.

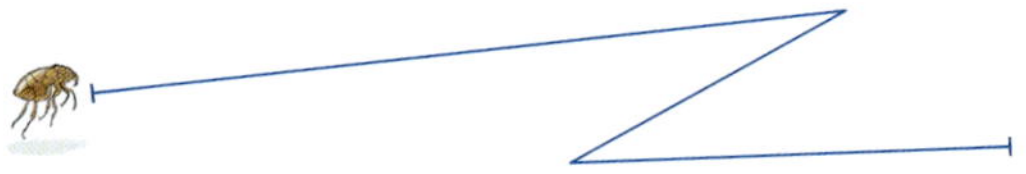

12 cm + 5 cm + 7 cm = 24 cm

Rechtecke messen

1 Miss die Längen und die Breiten des Rechtecks. Was fällt dir auf?

Länge: 7 cm

Breite: 3 cm

Breite: 3 cm

Länge: 7 cm

Mir fällt auf, dass die Längen und Breiten jeweils gleich lang sind.

2 Miss die Längen und die Breiten der Rechtecke.

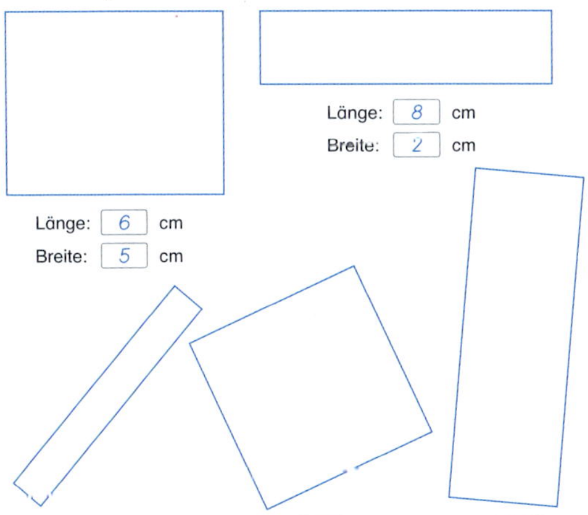

Länge: 8 cm
Breite: 2 cm

Länge: 6 cm
Breite: 5 cm

Länge: 7 cm
Breite: 1 cm

Länge: 5 cm
Breite: 5 cm

Länge: 9 cm
Breite: 3 cm

Rechtecke zeichnen

1 Zeichne Rechtecke. Verwende ein Lineal. Das Karopapier hilft dir.

a) Länge: 5 cm Breite: 2 cm

b) Länge: 8 cm Breite: 5 cm

c) Länge: 6 cm Breite: 4 cm

* **2** Zeichne ein eigenes Rechteck. Schreibe die Länge und Breite auf.

**Individuelle Lösung*

Figuren messen

1 Miss die Strecken in den Figuren.

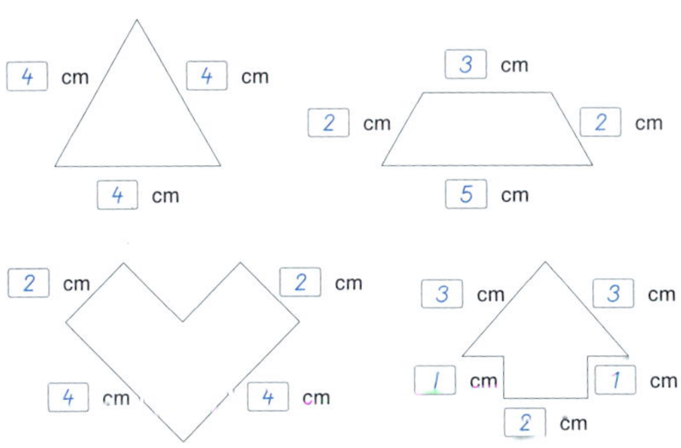

2 Miss mit dem Lineal …
a) die angegebenen Strecken a, b und c
b) drei selbst gewählte Strecken d, e und f. Beschrifte sie und miss ihre Längen.

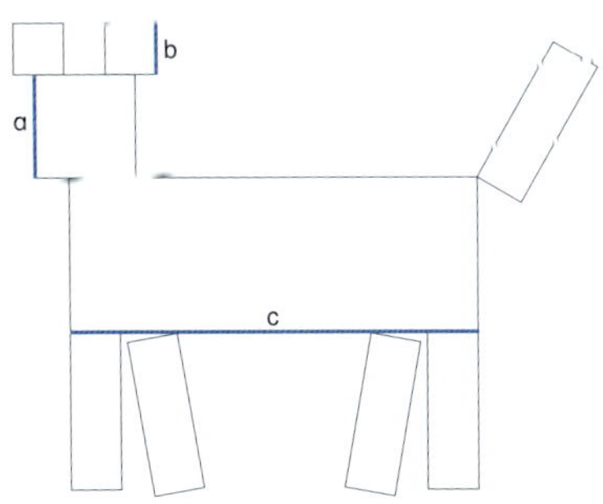

a: 2 cm
b: 1 cm
c: 8 cm

* d: cm
e: cm
f: cm

**Individuelle Lösung*

Figuren zeichnen

1 Zeichne die Figuren genau ab. Verwende ein Lineal. Das Karopapier und die roten Startpunkte helfen dir.

a)

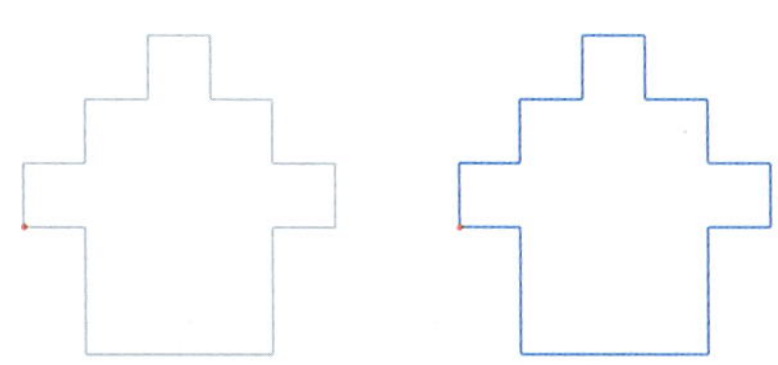

b)

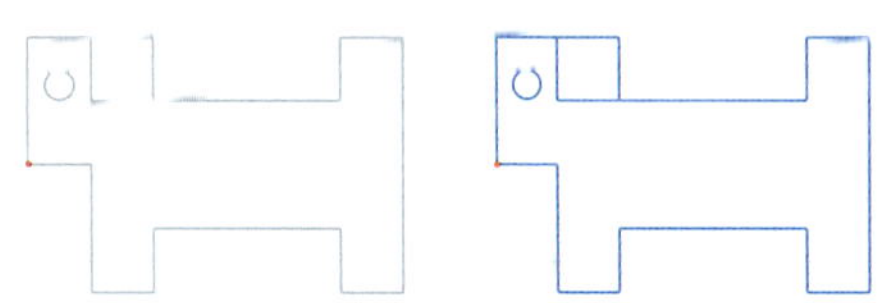

c)

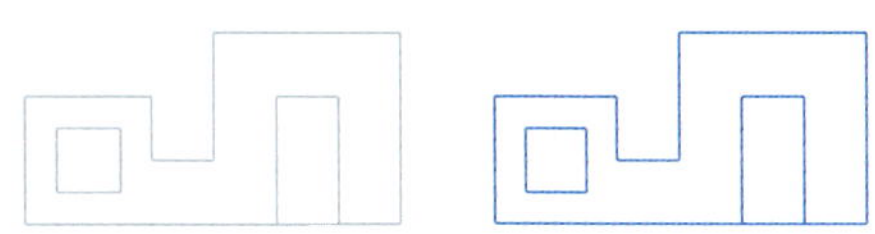

d)

Sachaufgaben – Meter

1 Ergänze den Lösungsweg (L) mit Skizze und Rechnung.
Schreibe eine Antwort (A) auf.

a) Der Elefant kann bis zu 4 m groß werden, die Giraffe wird bis zu 6 m hoch.

F: Wie viel Meter ist die Giraffe größer als der Elefant?

L: Skizze:

[2] m
4 m
6 m

Rechnung:

6 m - 4 m = 2 m

A: Die Giraffe ist 2 m größer als der Elefant.

b) Der Blauwal wird bis zu 33 m lang. Der Weiße Hai ist 27 m kürzer.

F: Wie viel Meter ist der Weiße Hai lang?

L: Skizze:

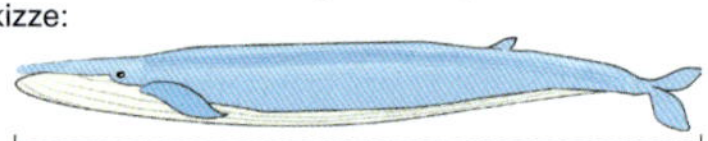

[33] m

[6] m [27] m

Rechnung:

3 3 m – 2 7 m = 6 m
3 3 m – 2 0 m = 1 3 m
1 3 m – 7 m = 6 m

A: Der Weiße Hai ist 6 m lang.

Sachaufgaben – Meter

1 Finde den Lösungsweg (L) mit Skizze und Rechnung.
Schreibe eine Antwort (A) auf.

a) Die Kirche ist 36 m hoch. Das Schulhaus ist 14 m hoch.

F: Wie viel Meter ist die Kirche höher als das Schulhaus?

L: Skizze:

[36] m
2 2 m
1 4 m

Rechnung:

3 6 m – 1 4 m = 2 2 m
3 6 m – 1 0 m = 2 6 m
2 6 m – 4 m = 2 2 m

A: Die Kirche ist 22 m höher als das Schulhaus.

b) Maja wirft den Ball 15 m weit. Aaron wirft ihn 8 m weiter.

F: Wie weit wirft Aaron den Ball?

L: Skizze:

1 5 m

1 5 m 8 m

Rechnung:

1 5 m + 8 m = 2 3 m

A: Aaron wirft den Ball 23 m weit.

Sachaufgaben – Zentimeter

1 Ergänze den Lösungsweg (L) mit Skizze und Rechnung.
Schreibe eine Antwort (A) auf.

a) Frau Meyer hat eine 35 cm hohe Waldkiefer in ihrem Garten gepflanzt.
Im ersten Jahr ist sie 52 cm gewachsen.

F: Wie groß ist die Waldkiefer jetzt?

L: Skizze:

[52] cm
35 cm
[87] cm

Rechnung:

3 5 cm + 5 2 cm = 8 7 cm
3 5 cm + 5 0 cm = 8 5 cm
8 5 cm + 2 cm = 8 7 cm

A: Die Waldkiefer ist jetzt 87 cm groß.

b) Für seinen Blumenkasten kauft Herr Butt ein Brett als Unterlage.
Das Brett ist 80 cm lang. Damit es genau passt, sägt Herr Butt 25 cm ab.

F: Wie lang ist der Blumenkasten?

L: Skizze:

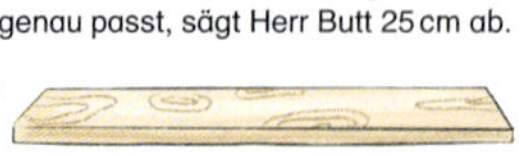

[55] cm [25] cm
[80] cm

Rechnung:

8 0 cm – 2 5 cm = 5 5 cm
8 0 cm – 2 0 cm = 6 0 cm
6 0 cm – 5 cm = 5 5 cm

A: Der Blumenkasten ist 55 cm lang.

Sachaufgaben – Zentimeter

1 Finde den Lösungsweg (L) mit Skizze und Rechnung.
Schreibe eine Antwort (A) auf.

a) Ella war bei der Geburt 48 cm groß. Bis zu ihrem 1. Geburtstag ist sie 31 cm gewachsen.

F: Wie groß war Ella an ihrem 1. Geburtstag?

L: Skizze:

3 1 cm
4 8 cm
4 8 cm

Rechnung:

4 8 cm + 3 1 cm = 7 9 cm
4 8 cm + 3 0 cm = 7 8 cm
7 8 cm + 1 cm = 7 9 cm

A: Ella war 79 cm groß.

b) An ihrem 2. Geburtstag war Ella 92 cm groß.

F: Wie viel Zentimeter ist sie seit ihrem 1. Geburtstag gewachsen?

L: Skizze:

1 3 cm
9 2 cm
7 9 cm

Rechnung:

9 2 cm – 7 9 cm = 1 3 cm
9 2 cm – 7 0 cm = 2 2 cm
2 2 cm – 9 cm = 1 3 cm

A: Sie ist seit ihrem 1. Geburtstag 13 cm gewachsen.

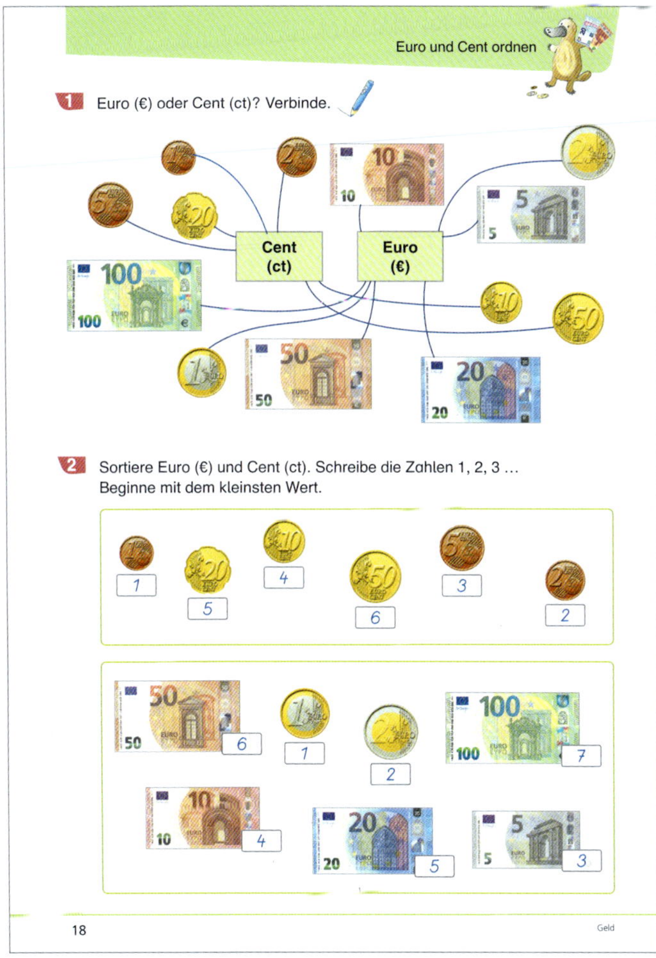

Euro und Cent ordnen

1 Euro (€) oder Cent (ct)? Verbinde.

Cent (ct)

Euro (€)

2 Sortiere Euro (€) und Cent (ct). Schreibe die Zahlen 1, 2, 3 …
Beginne mit dem kleinsten Wert.

1 5 4 6 3 2

6 1 2 7

4 5 3

18 Geld

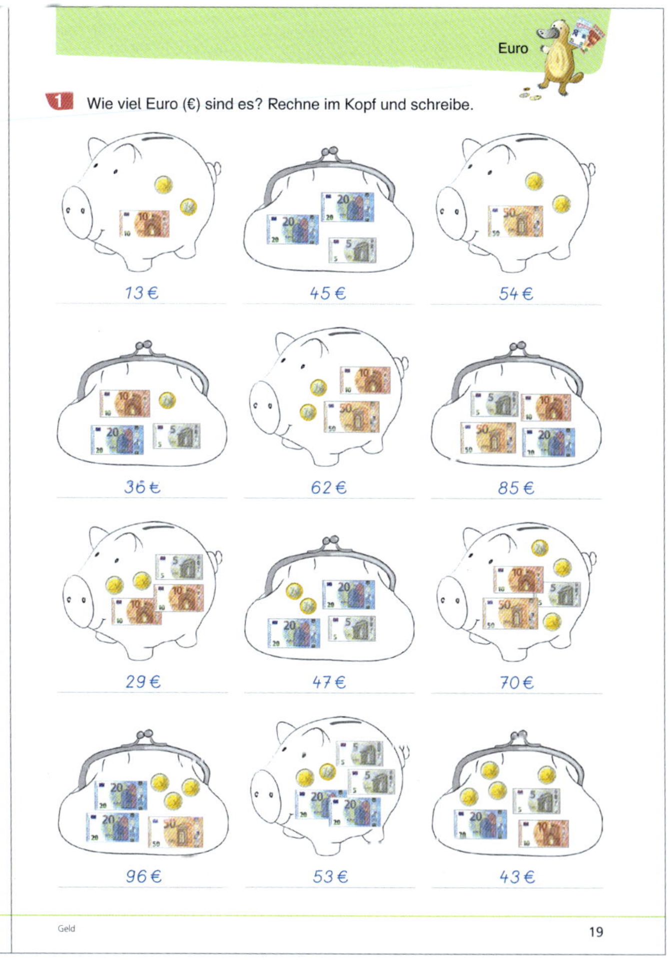

Euro

1 Wie viel Euro (€) sind es? Rechne im Kopf und schreibe.

13 € 45 € 54 €

36 € 62 € 85 €

29 € 47 € 70 €

96 € 53 € 43 €

Geld 19

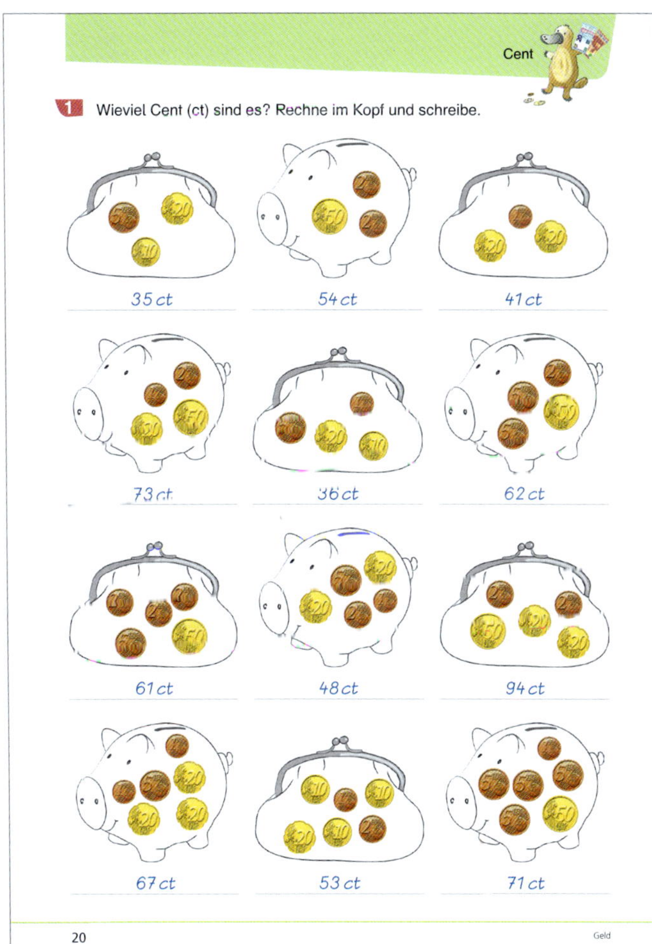

Cent

1 Wieviel Cent (ct) sind es? Rechne im Kopf und schreibe.

35 ct 54 ct 41 ct

73 ct 36 ct 62 ct

61 ct 48 ct 94 ct

67 ct 53 ct 71 ct

20 Geld

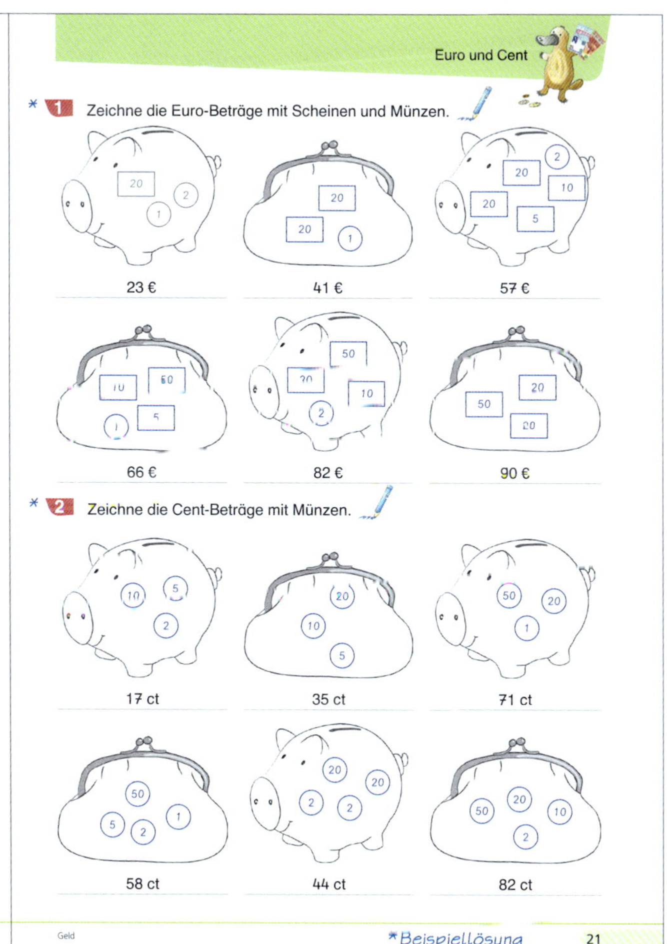

Euro und Cent

* 1 Zeichne die Euro-Beträge mit Scheinen und Münzen.

23 € 41 € 57 €

66 € 82 € 90 €

* 2 Zeichne die Cent-Beträge mit Münzen.

17 ct 35 ct 71 ct

58 ct 44 ct 82 ct

Geld *Beispiellösung 21

1 Wie viel Euro (€) und Cent (ct) sind es? Rechne im Kopf und schreibe.

25 € 60 ct — 62 € 17 ct

80 € 61 ct — 42 € 75 ct

31 € 43 ct — 97 € 8 ct

2 Benutze möglichst wenig Scheine und Münzen. Zeichne.

50, 1, 50, 20, 2 — 51 € 72 ct

20, 10, 2, 10, 5, 2, 2 — 32 € 19 ct

1 Wie viel Euro (€) sind es? Kreise immer 100 Cent (ct) ein.

2 € — 3 €

5 € — 6 €

12 €

2 Wie viel Euro (€) und Cent (ct) sind es? Kreuze das richtige Ergebnis an.

- (X) 3 € 60 ct
- ( ) 3 € 20 ct

- (X) 2 € 90 ct
- ( ) 2 € 40 ct

* **1** Wechsle die Scheine und Münzen. Finde verschiedene Möglichkeiten. Zeichne.

a) 10 € — 5, 5 | 5, 2, 1, 2 | 2, 2, 2, 2, 2

b) 20 € — 10, 10 | 5, 5, 10 | 5, 5, 5, 5

c) 5 € — 2, 1, 2 | 2, 1, 1, 1 | 1, 1, 1, 1, 1

d) 1 € — 50, 50 | 50, 20, 20, 10 | 20, 20, 20, 20, 20

e) 50 ct — 20, 20, 10 | 20, 10, 10, 10 | 10, 10, 10, 10, 10

1 Lies die Preise ab und schreibe sie auf.

Die Fußballschuhe kosten 84 €.

Die Schienbeinschoner kosten 15 €.

Die Jeans kostet 18 €.

Die Sporttasche kostet 38 €.

2 Welche Aussagen stimmen? Kreuze an.

- (X) Die Torwarthandschuhe sind günstiger als die Sporttasche.
- ( ) Die Fußballhose ist teurer als das Trikot.
- (X) Die Fußballschuhe sind am teuersten.
- ( ) Die Shorts ist günstiger als der Rock.
- (X) Der Fußball kostet genauso viel Euro wie die Kappe und das T-Shirt zusammen.

1 Löse die Aufgaben mit Hilfe der Preisangaben von Seite 25.
Finde einen Lösungsweg (L) und schreibe die Antwort (A) auf.

Frage (F) lesen
Lösungsweg (L) finden
Antwort (A) aufschreiben

a) Anna kauft Fußballschuhe und eine Kappe.

F: Wie viel Euro muss sie bezahlen?
L:

84 € + 7 € = 91 €

A: *Sie muss 91 € bezahlen.*

b) Samuel kauft neue Torwarthandschuhe und eine Sporttasche.

F: Wie viel Euro muss er bezahlen?
L:

29 € + 38 € = 67 €
29 € + 30 € = 59 €
59 € + 8 € = 67 €

A: *Er muss 67 € bezahlen.*

c) Raad wünscht sich einen Fußball, ein Fußballtrikot und eine Fußballhose.

F: Wie viel Euro kostet das zusammen?
L:

15 € + 25 € = 40 €
15 € + 20 € = 35 €
35 € + 5 € = 40 €

40 € + 18 € = 58 €
40 € + 10 € = 50 €
50 € + 8 € = 58 €

A: *Zusammen kostet das 58 €.*

d) Melek kauft eine neue Jeans und ein T-Shirt.

F: Wie viel Euro muss sie bezahlen?
L:

18 € + 8 € = 26 €

A: *Sie muss 26 € bezahlen.*

e) Jan kauft neue Schuhe und einen Pullover.

F: Wie viel Euro muss er bezahlen?
L:

65 € + 18 € = 83 €
65 € + 10 € = 75 €
75 € + 8 € = 83 €

A: *Er muss 83 € bezahlen.*

f) Lynn braucht einen neuen Rock, eine Shorts und eine Jacke.

F: Wie viel Euro kostet das zusammen?
L:

13 € + 17 € = 30 €
13 € + 10 € = 23 €
23 € + 7 € = 30 €

30 € + 26 € = 56 €
30 € + 20 € = 50 €
50 € + 6 € = 56 €

A: *Zusammen kostet das 56 €.*

1 Schreibe eine passende Frage (F) auf. Finde dann einen Lösungsweg (L) und schreibe die Antwort (A) auf.

a) Anna kauft einen Füller für 16 €. Sie bezahlt mit einem 20-€-Schein.

F: *Wie viel Geld bekommt sie zurück?*
L:

20 € − 16 € = 4 €
20 € − 10 € = 10 €
10 € − 6 € = 4 €

A: *Sie bekommt 4 € zurück.*

b) Herr Laubis kauft für seine zweite Klasse einen Fußball für 34 €.
Er bezahlt mit einem 50-€-Schein.

F: *Wie viel Geld bekommt er zurück?*
L:

50 € − 34 € = 16 €
50 € − 30 € = 20 €
20 € − 4 € = 16 €

A: *Er bekommt 16 Euro zurück.*

c) Oma kauft für ihre Enkel zum Geburtstag ein Paar Inliner für 37 € und eine Puppe für 45 €. Sie bezahlt mit einem 100-€-Schein.

F: *Wie viel Geld bekommt Oma zurück?*
L:

37 € + 45 € = 82 €
37 € + 40 € = 77 €
77 € + 5 € = 82 €

100 € − 82 € = 18 €
100 € − 80 € = 20 €
20 € − 2 € = 18 €

A: *Oma bekommt 18 € zurück.*

1 Verbinde die Uhren mit den passenden Namen.
Manchmal passt ein Name für zwei Uhren.

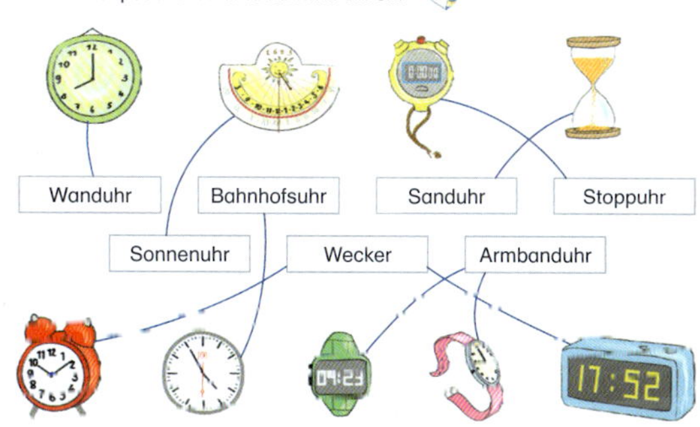

2 Beschrifte das Ziffernblatt und die Zeiger.

Ein Tag hat **24 Stunden**. An der Zeiger-Uhr kann ich immer zwei Uhrzeiten ablesen. Die Uhr zeigt 7 Uhr vormittags oder 19 Uhr abends.

Minutenzeiger
Stundenzeiger

3 Schreibe die passende zweite Uhrzeit auf.

1 Uhr	2 Uhr	3 Uhr	4 Uhr	5 Uhr	6 Uhr
13 Uhr	14 Uhr	15 Uhr	16 Uhr	17 Uhr	18 Uhr
7 Uhr	8 Uhr	9 Uhr	10 Uhr	11 Uhr	12 Uhr
19 Uhr	20 Uhr	21 Uhr	22 Uhr	23 Uhr	24 Uhr

Uhrzeiten ablesen – ganze Stunden

1 Wie spät ist es? Schreibe beide Uhrzeiten auf.

7 Uhr	2 Uhr	10 Uhr	
19 Uhr	14 Uhr	22 Uhr	

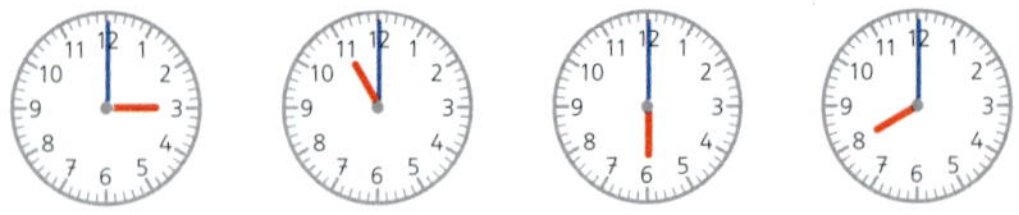

3 Uhr	11 Uhr	6 Uhr	8 Uhr
15 Uhr	23 Uhr	18 Uhr	20 Uhr

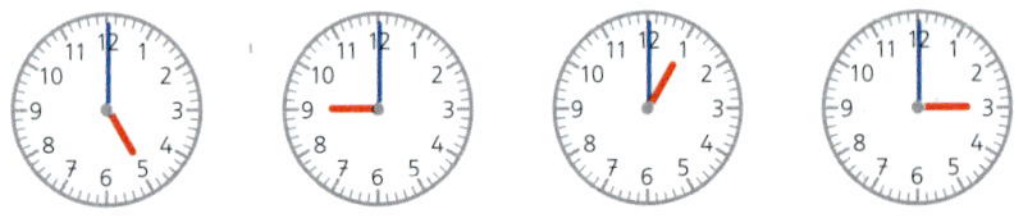

5 Uhr	9 Uhr	1 Uhr	3 Uhr
17 Uhr	21 Uhr	13 Uhr	15 Uhr

7 Uhr	4 Uhr	12 Uhr	10 Uhr
19 Uhr	16 Uhr	24 Uhr	22 Uhr

Uhrzeiten zeichnen – ganze Stunden

1 Zeichne die Zeiger ein und schreibe die fehlende Uhrzeit auf.

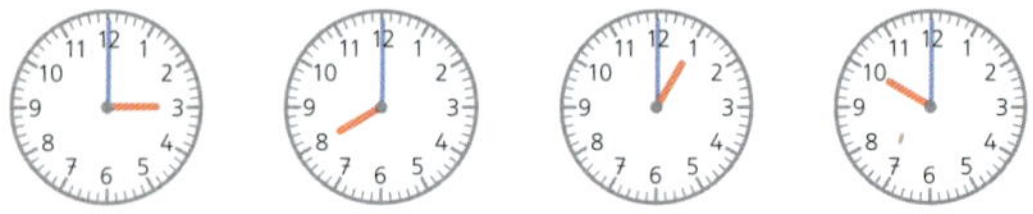

3 Uhr	8 Uhr	1 Uhr	10 Uhr
15 Uhr	20 Uhr	13 Uhr	22 Uhr

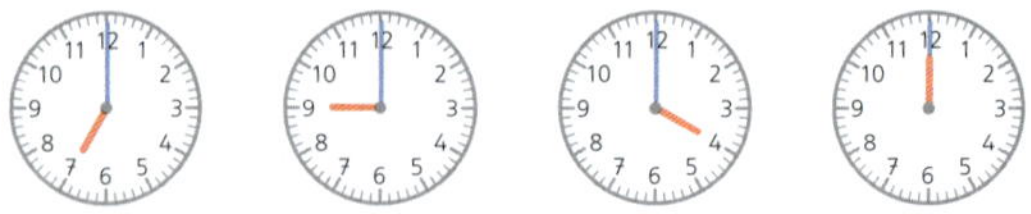

7 Uhr	9 Uhr	4 Uhr	12 Uhr
19 Uhr	21 Uhr	16 Uhr	24 Uhr

6 Uhr	2 Uhr	11 Uhr	5 Uhr
18 Uhr	14 Uhr	23 Uhr	17 Uhr

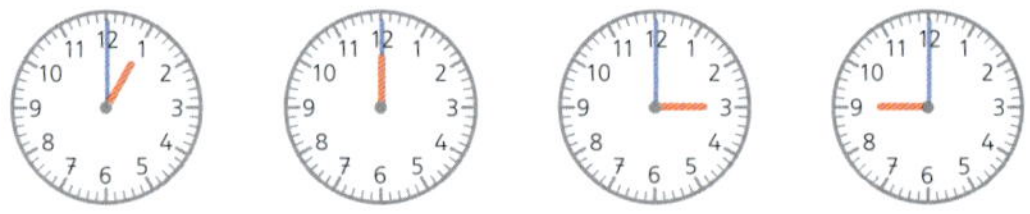

1 Uhr	12 Uhr	3 Uhr	9 Uhr
13 Uhr	24 Uhr	15 Uhr	21 Uhr

Uhrzeiten ablesen – viertel und halbe Stunden

10 Uhr	10:15 Uhr	10:30 Uhr	10:45 Uhr	11 Uhr
22 Uhr	22:15 Uhr	22:30 Uhr	22:45 Uhr	23 Uhr
10 Uhr	**Viertel nach 10**	**halb 11**	**Viertel vor 11**	11 Uhr

1 Wie spät ist es? Schreibe beide Uhrzeiten auf.

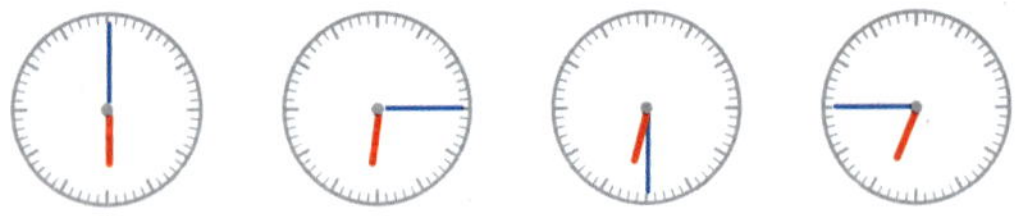

6:00 Uhr	6:15 Uhr	6:30 Uhr	6:45 Uhr
18:00 Uhr	18:15 Uhr	18:30 Uhr	18:45 Uhr

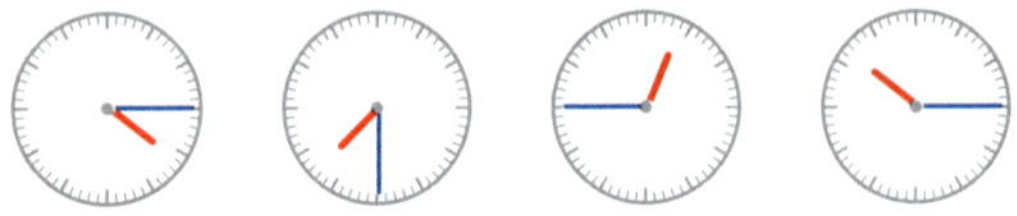

4:15 Uhr	7:30 Uhr	12:45 Uhr	10:15 Uhr
16:15 Uhr	19:30 Uhr	0:45 Uhr	22:15 Uhr

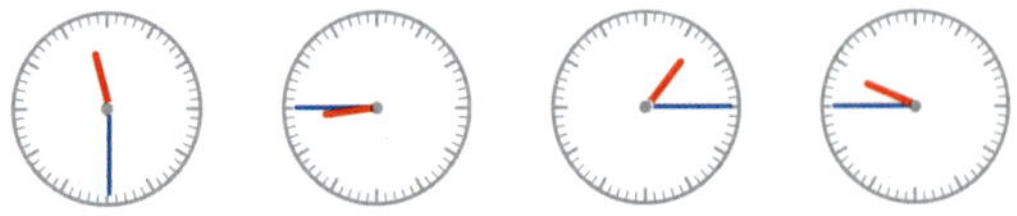

11:30 Uhr	8:45 Uhr	1:15 Uhr	9:45 Uhr
23:30 Uhr	20:45 Uhr	13:15 Uhr	21:45 Uhr

Uhrzeiten zeichnen – viertel und halbe Stunden

1 Zeichne die Zeiger ein und ergänze fehlende Uhrzeiten.

08:30 Uhr	05:15 Uhr	11:45 Uhr	02:30 Uhr
20:30 Uhr	17:15 Uhr	23:45 Uhr	14:30 Uhr

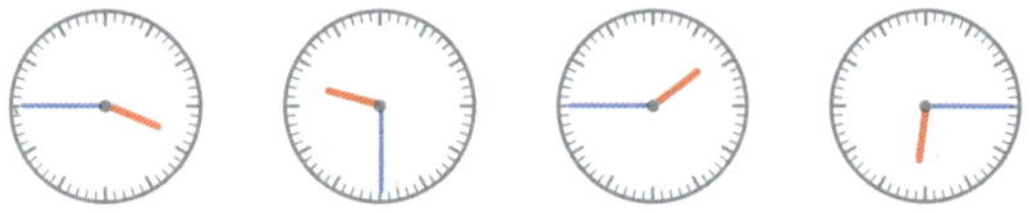

3:45 Uhr	9:30 Uhr	1:45 Uhr	6:15 Uhr
15:45 Uhr	21:30 Uhr	13:45 Uhr	18:15 Uhr

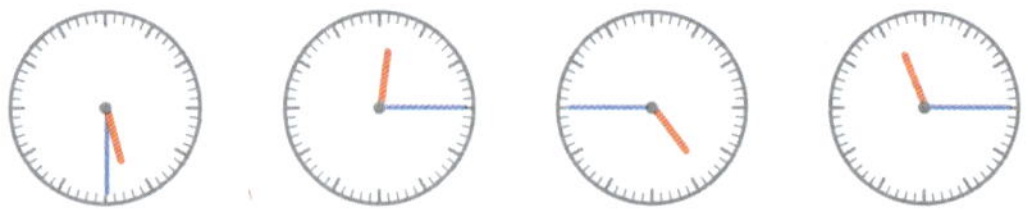

5:30 Uhr	12:15 Uhr	4:45 Uhr	11:15 Uhr
17:30 Uhr	0:15 Uhr	16:45 Uhr	23:15 Uhr

2 Zeichne die Zeiger ein.

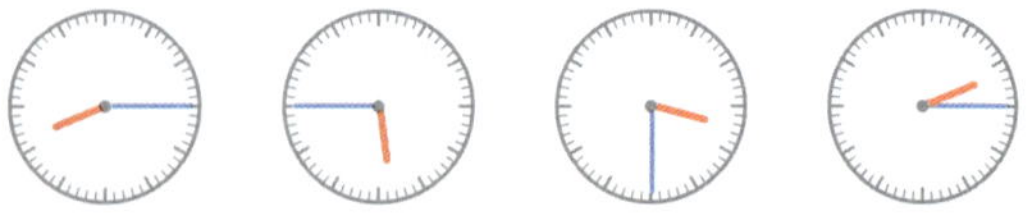

viertel nach 8	viertel vor 6	halb 4	viertel nach 2

Uhrzeiten – analog und digital

1 Welche Uhren zeigen die gleiche Uhrzeit an? Male die Rahmen in derselben Farbe an.

a)

b)

* **2** Ergänze eine passende Uhrzeit.

8:15 Uhr | 2:00 Uhr | 11:45 Uhr | 3:15 Uhr | 5:30 Uhr

3 Zeichne die Zeiger ein.

4:45 Uhr | 7:15 Uhr | 21:00 Uhr | 10:30 Uhr | 18:45 Uhr

*Beispiellösung

Zeitspannen

1 Wie heißt die neue Uhrzeit? Zeichne die fehlenden Zeiger und trage die Uhrzeit ein.

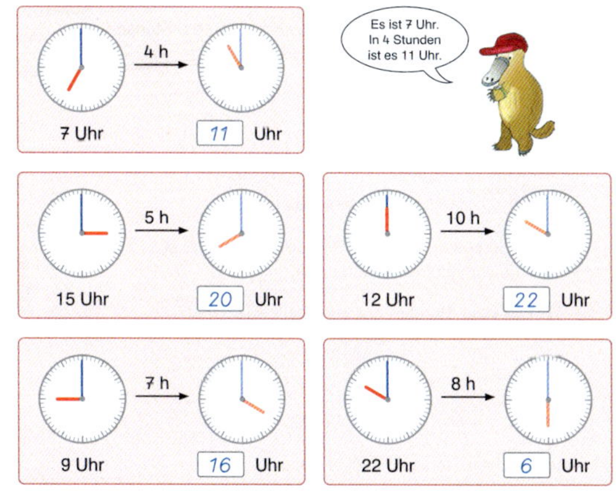

2 Wie viel Zeit ist vergangen? Schreibe.

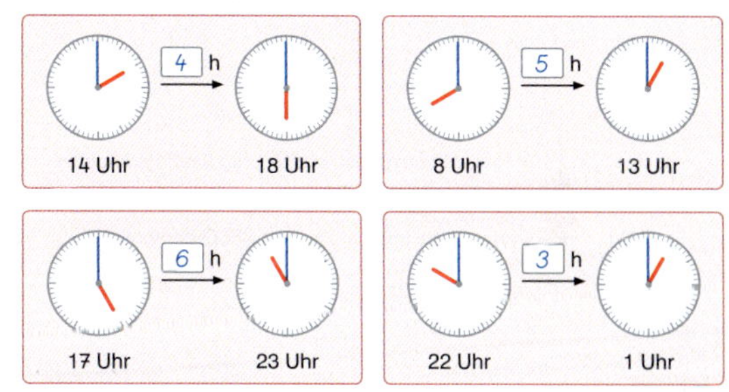

Zeitspannen

1 Wie spät ist es? Berechne die neue Uhrzeit.

a)
- 8 Uhr —10 h→ 18 Uhr
- 1 Uhr —5 h→ 6 Uhr
- 15 Uhr —7 h→ 22 Uhr
- 19 Uhr —4 h→ 23 Uhr

b)
- 4 Uhr —12 h→ 16 Uhr
- 17 Uhr —2 h→ 19 Uhr
- 20 Uhr —3 h→ 23 Uhr
- 12 Uhr —8 h→ 20 Uhr

c)
- 22 Uhr —6 h→ 4 Uhr
- 9 Uhr —13 h→ 22 Uhr
- 18 Uhr —9 h→ 3 Uhr
- 6 Uhr —23 h→ 5 Uhr

d)
- 2:30 Uhr —6 h→ 8:30 Uhr
- 19:30 Uhr —4 h→ 23:30 Uhr
- 7:30 Uhr —7 h→ 14:30 Uhr
- 12:00 Uhr —12 h→ 0:30 Uhr

2 Wie spät ist es?

a) in 3 Stunden →

Anfang	Ende
15:30 Uhr	18:30 Uhr
16:30 Uhr	19:30 Uhr
18:00 Uhr	21:30 Uhr
20:30 Uhr	23:30 Uhr

b) in 5 Stunden →

Anfang	Ende
5:45 Uhr	10:45 Uhr
10:45 Uhr	15:45 Uhr
12:45 Uhr	17:45 Uhr
17:45 Uhr	22:45 Uhr

c) in 30 Minuten →

Anfang	Ende
8:00 Uhr	8:30 Uhr
11:00 Uhr	11:30 Uhr
15:00 Uhr	15:30 Uhr
19:00 Uhr	19:30 Uhr

d) in 30 Minuten →

Anfang	Ende
9:30 Uhr	10:00 Uhr
13:15 Uhr	13:45 Uhr
14:45 Uhr	15:15 Uhr
21:30 Uhr	22:00 Uhr

Zeitspannen

1 Wie viele Stunden sind vergangen? Rechne.

a)
- 2 Uhr —9 h→ 11 Uhr
- 16 Uhr —5 h→ 21 Uhr
- 13 Uhr —10 h→ 23 Uhr
- 5 Uhr —14 h→ 19 Uhr

b)
- 10 Uhr —7 h→ 17 Uhr
- 18 Uhr —6 h→ 24 Uhr
- 23 Uhr —2 h→ 1 Uhr
- 20 Uhr —11 h→ 7 Uhr

2 Ergänze.

a)
- 7 Uhr —9 h→ 16 Uhr
- 5 Uhr —5 h→ 10 Uhr
- 2 Uhr —3 h→ 5 Uhr
- 12 Uhr —8 h→ 20 Uhr

b)
- 14 Uhr —7 h→ 21 Uhr
- 8 Uhr —11 h→ 19 Uhr
- 9 Uhr —6 h→ 15 Uhr
- 4 Uhr —14 h→ 18 Uhr

3 Wie viel Zeit ist vergangen?

a)

Anfang	Dauer →	Ende
4:00 Uhr	4 h	8:00 Uhr
9:00 Uhr	8 h	17:00 Uhr
13:00 Uhr	9 h	22:00 Uhr
18:00 Uhr	7 h	1:00 Uhr

b)

Anfang	Dauer →	Ende
14:30 Uhr	5 h	19:30 Uhr
6:15 Uhr	6 h	12:15 Uhr
13:45 Uhr	2 h	15:45 Uhr
23:30 Uhr	4 h	3:30 Uhr

c)

Anfang	Dauer →	Ende
16:00 Uhr	30 min	16:30 Uhr
8:15 Uhr	30 min	8:45 Uhr
15:45 Uhr	30 min	16:15 Uhr
23:30 Uhr	30 min	0:00 Uhr

Sachaufgaben – Uhrzeiten

1 Ergänze den Lösungsweg (L) mit dem Pfeilbild.
Schreibe eine Antwort (A) auf.

Frage (F)
Lösungsweg (L)
Antwort (A)

a) Lina geht um 16 Uhr zum Kinderturnen. Nach 2 Stunden kommt sie wieder nach Hause.

F: Um wie viel Uhr kommt Lina nach Hause?
L:

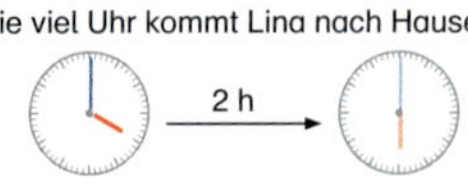

A: *Lina kommt um 18 Uhr nach Hause.*

b) Luca darf heute zu seiner Oma. Um 9 Uhr geht er zu ihr und um 17 Uhr verabschiedet er sich.

F: Wie viele Stunden war Luca bei seiner Oma?
L:

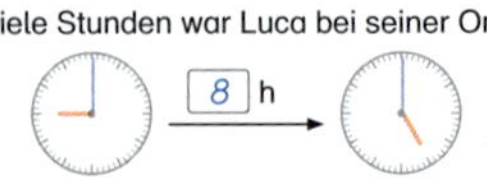

A: *Luca war 8 Stunden bei seiner Oma.*

c) Sarah ist 4 Stunden bei ihrer Freundin.
Um 19 Uhr ist sie wieder nach Hause gekommen.

F: Um wie viel Uhr ging Sarah zu ihrer Freundin?
L:

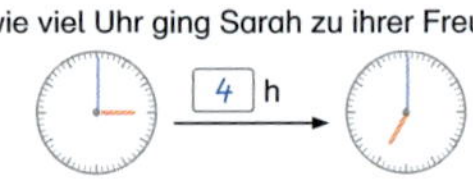

A: *Sarah ging um 15 Uhr zu ihrer Freundin.*

d) Mirco und sein Freund Lars gehen um 14 Uhr zum Fußballplatz.
Um 17 Uhr gehen sie wieder nach Hause.

F: Wie lange waren Mirco und Lars auf dem Fußballplatz?
L:

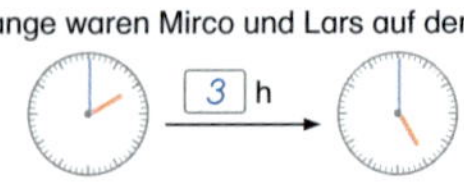

A: *Mirco und Lars waren 3 Stunden auf dem Fußballplatz.*

Sachaufgaben – Uhrzeiten

1 Ergänze den Lösungsweg (L) mit dem Pfeilbild.
Finde eine Frage (F) und schreibe eine Antwort (A) auf.

a) Paul übt 30 min Flöte. Um 15:00 Uhr hat er angefangen.

F: *Wann hört Paul auf?*
L:

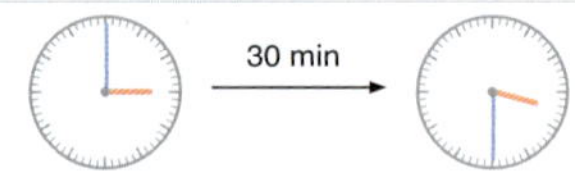

A: *Paul hört um 15:30 Uhr auf.*

b) Lisa fängt um 14:30 Uhr mit ihren Hausaufgaben an.
Um 15:00 Uhr ist sie fertig.

F: *Wie lange braucht Lisa für ihre Hausaufgaben?*
L:

A: *Lisa braucht 30 Minuten für ihre Hausaufgaben.*

c) Mara trainiert Seilhüpfen. Heute schafft sie es von 17:30 Uhr bis 17:45 Uhr.

F: *Wie lange hüpft Mara Seil?*
L:

A: *Mara hüpft 15 Minuten lang Seil.*

d) Familie Müller ist 4 h 30 min gewandert. Um 13:30 Uhr ist sie losgegangen.

F: *Wann kam Familie Müller an?*
L:

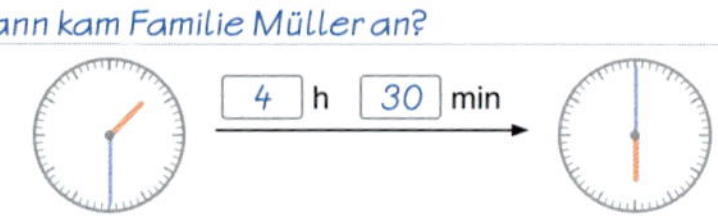

A: *Familie Müller kam um 18:00 Uhr an.*

Kalender – Wochentage

2026

Januar

Mo	Di	Mi	Do	Fr	Sa	So
			1	2	3	4
5	6	7	8	9	10	11
12	13	14	15	16	17	18
19	20	21	22	23	24	25
26	27	28	29	30	31	

Februar

Mo	Di	Mi	Do	Fr	Sa	So
						1
2	3	4	5	6	7	8
9	10	11	12	13	14	15
16	17	18	19	20	21	22
23	24	25	26	27	28	

März

Mo	Di	Mi	Do	Fr	Sa	So
						1
2	3	4	5	6	7	8
9	10	11	12	13	14	15
16	17	18	19	20	21	22
23	24	25	26	27	28	29
30	31					

April

Mo	Di	Mi	Do	Fr	Sa	So
		1	2	3	4	5
6	7	8	9	10	11	12
13	14	15	16	17	18	19
20	21	22	23	24	25	26
27	28	29	30			

Mai

Mo	Di	Mi	Do	Fr	Sa	So
				1	2	3
4	5	6	7	8	9	10
11	12	13	14	15	16	17
18	19	20	21	22	23	24
25	26	27	28	29	30	31

Juni

Mo	Di	Mi	Do	Fr	Sa	So
1	2	3	4	5	6	7
8	9	10	11	12	13	14
15	16	17	18	19	20	21
22	23	24	25	26	27	28
29	30					

Juli

Mo	Di	Mi	Do	Fr	Sa	So
		1	2	3	4	5
6	7	8	9	10	11	12
13	14	15	16	17	18	19
20	21	22	23	24	25	26
27	28	29	30	31		

August

Mo	Di	Mi	Do	Fr	Sa	So
					1	2
3	4	5	6	7	8	9
10	11	12	13	14	15	16
17	18	19	20	21	22	23
24	25	26	27	28	29	30
31						

September

Mo	Di	Mi	Do	Fr	Sa	So
	1	2	3	4	5	6
7	8	9	10	11	12	13
14	15	16	17	18	19	20
21	22	23	24	25	26	27
28	29	30				

Oktober

Mo	Di	Mi	Do	Fr	Sa	So
			1	2	3	4
5	6	7	8	9	10	11
12	13	14	15	16	17	18
19	20	21	22	23	24	25
26	27	28	29	30	31	

November

Mo	Di	Mi	Do	Fr	Sa	So
						1
2	3	4	5	6	7	8
9	10	11	12	13	14	15
16	17	18	19	20	21	22
23	24	25	26	27	28	29
30						

Dezember

Mo	Di	Mi	Do	Fr	Sa	So
	1	2	3	4	5	6
7	8	9	10	11	12	13
14	15	16	17	18	19	20
21	22	23	24	25	26	27
28	29	30	31			

Eine Woche hat 7 Tage.

1 Wie heißen die Wochentage? Schreibe sie der Reihe nach auf.

1. *Montag*
2. *Dienstag*
3. *Mittwoch*
4. *Donnerstag*
5. *Freitag*
6. *Samstag*
7. *Sonntag*

2 Schreibe den Wochentag zum Datum auf. Schau im Kalender 2026 nach.

26. September *Samstag* — 6. März *Freitag*
3. Februar *Dienstag* — 13. Mai *Mittwoch*
24. Dezember *Donnerstag* — 25. April *Samstag*

3 Ergänze die fehlenden Wochentage.

gestern war …	heute ist …	morgen ist …	übermorgen ist …
Sonntag	Montag	*Dienstag*	*Mittwoch*
Mittwoch	*Donnerstag*	*Freitag*	*Samstag*
Dienstag	*Mittwoch*	Donnerstag	*Freitag*
Samstag	*Sonntag*	*Montag*	Dienstag

Kalender – Monate

1 Wie heißen die Monate? Schreibe sie der Reihe nach auf.

1. *Januar*
2. *Februar*
3. *März*
4. *April*
5. *Mai*
6. *Juni*
7. *Juli*
8. *August*
9. *September*
10. *Oktober*
11. *November*
12. *Dezember*

1 Jahr hat 12 Monate.

2 Schreibe die passenden Monatsnamen auf.

a) Monate mit genau 31 Tagen
Januar, März, Mai, Juli, August, Oktober, Dezember

b) Monate mit genau 30 Tagen
April, Juni, September, November

c) Monat mit genau 28 oder 29 Tagen
Februar

3 Heute ist Samstag, der 16. Mai. Welcher Wochentag und welches Datum ist es …

Samstag
16. Mai

a) in 2 Tagen? *Montag, 18. Mai*
b) in 7 Tagen? *Samstag, 23. Mai*
c) in 10 Tagen? *Dienstag, 26. Mai*

1 Auf dem Kalenderblatt steht das Datum für die Aufgabe. Löse die Aufgaben mit Hilfe des Kalenders von Seite 40 und schreibe die Antwort (A) auf.

a) Am kommenden Mittwoch hat Rojin einen Arzttermin.
F: An welchem Datum ist der Termin?
Freitag 23. Oktober
A: *Der Termin ist am 28. Oktober.*

b) Mason geht am 30. Mai mit seinem Vater ins Kino.
F: Wie lange muss er noch warten?
Dienstag 12. Mai
A: *Er muss noch 18 Tage warten.*

c) Lena freut sich schon wieder auf Weihnachten.
F: Wie lange muss sie noch warten?
Freitag 24. April
A: *Sie muss noch 8 Monate warten.*

d) Malea hat in genau 10 Monaten Geburtstag.
F: Wann hat sie Geburtstag?
Donnerstag 1. Januar
A: *Sie hat am 1. November Geburtstag*

e) Thorsten und Jens fahren heute für 10 Tage mit ihren Eltern zelten.
F: Wann kommen sie zurück?
Samstag 22. August
A: *Sie kommen am 1. September zurück.*

1 Löse die Aufgaben mit Hilfe des Kalenders von Seite 40 und schreibe die Antwort (A) auf.

a) Merle feiert mit ihren Freundinnen am 14. März ihren Geburtstag nach. Ihr Geburtstag war vor 4 Tagen.
F: Wann hatte Merle Geburtstag?
A: *Merle hatte am 10. März Geburtstag.*

b) Lasse fährt am 28. Juli für 2 Wochen in die Sommerferien.
F: Wann fährt er wieder nach Hause?
A: *Er fährt am 11. August wieder nach Hause.*

c) Rebecca und Johanna unterhalten sich über die Monatsnamen. Johanna behauptet: „Drei Monate nach dem März kommt der Mai."
F: Stimmt Johannas Behauptung?
A: *Nein, drei Monate nach dem März kommt der Juni.*

d) Efe hat zwei wichtige Fußballspiele. Das erste ist am 13. Oktober, das zweite ist am 3. November.
F: Wie viele Wochen sind es vom ersten bis zum zweiten Spiel?
A: *Es sind 3 Wochen.*

e) Anke hat am 29. Mai Geburtstag und Ulrike am 29. Juni. Maik behauptet: „Dann habt ihr beide an einem Freitag Geburtstag."
F: Stimmt Maiks Behauptung?
A: *Nein, Maiks Behauptung stimmt nicht. Anke hat an einem Freitag und Ulrike an einem Montag Geburtstag.*

1 Betrachte das Bild auf Seite 44 und 45 genau. Schreibe die Antwort zu den Fragen. Streiche die Fragen durch, die du nicht beantworten kannst.

*Beispiellösung

Sachaufgaben – Beim Sportfest

1 Finde einen Lösungsweg (L) und schreibe eine Antwort (A) auf.

Frage (F)
Lösungsweg (L)
Antwort (A)

a) Mats wirft den Ball 18 m weit, Leon wirft ihn 6 m weiter.

F: Wie weit wirft Leon den Ball?
L:

Eine Skizze hilft dir.

18 m | 6 m

18 m + 6 m = 24 m

A: Leon wirft den Ball 24 m weit.

b) Lena wirft den Ball 19 m weit, Malea wirft ihn 23 m weit.

F: Wie viel Meter wirft Malea weiter als Lena?
L:

19 m | 4 m
23 m

23 m − 19 m = 4 m
23 m − 10 m = 13 m
13 m − 9 m = 4 m

A: Malea wirft 4 m weiter.

c) Denis wirft den Ball 17 m weit, Mia wirft 19 m und Sarah wirft 15 m. Sarah behauptet: „Zusammen haben wir über 50 m weit geworfen!“

F: Hat Sarah recht?
L:

17 m | 19 m | 15 m

17 m + 19 m = 36 m
17 m + 10 m = 27 m
27 m + 9 m = 36 m

36 m + 15 m = 51 m
36 m + 10 m = 46 m
46 m + 5 m = 51 m

A: Sarah hat recht. Sie haben zusammen 51 m weit geworfen.

Sachaufgaben – Beim Sportfest

1 Finde eine Frage (F), einen Lösungsweg (L) und schreibe eine Antwort (A) auf. Die Preise findest du auf Seite 45.

a) Karla kauft zwei Eistee, eine Grillwurst und einen Muffin.

F: Wie viel € bezahlt Karla insgesamt?
L:

2 € + 2 € = 4 €
4 € + 3 € = 7 €
7 € + 1 € = 8 €

A: Karla bezahlt insgesamt 8 €.

b) Das Völkerballturnier beginnt um 10.00 Uhr. Um 11.30 Uhr ist die Siegerehrung.

F: Wie lange dauert das Völkerballturnier?
L:

10.00 Uhr → 1 h 30 min → 11.30 Uhr

A: Das Völkerballturnier dauert 1 h 30 min.

*c) Am 50-m-Lauf haben insgesamt 86 Kinder teilgenommen. 13 Mädchen und 18 Jungen sind schneller als 10 Sekunden gelaufen.

F: Wie viele Kinder sind langsamer als 10 Sekunden gelaufen?
L:

13 + 18 = 31
13 + 10 = 23
23 + 8 = 31

86 − 31 = 55
86 − 30 = 56
56 − 1 = 55

A: 55 Kinder sind langsamer als 10 Sekunden gelaufen.

*Beispiellösung

Größen üben

1 Ergänze die Sätze mit den Größenangaben. Die Ballons helfen dir. Male die Ballons mit der passenden Farbe an.

Zeit

1 Stunde sind 60 min.
Ein Tag hat 24 h.
Eine Schulstunde dauert 45 min.
Die zweite Uhrzeit von 8 Uhr heißt 20 Uhr.

Längen

100 cm sind 1 m.
Eine Tür ist etwa 2 m hoch.
Ein Blauwal ist etwa 33 m lang.
Die Hälfte von 50 cm sind 25 cm.

Geld

100 ct sind 1 €.
Ein Buch kostet etwa 10 €.
Die Hälfte von 100 € sind 50 €.
Das Doppelte von 25 ct sind 50 ct.

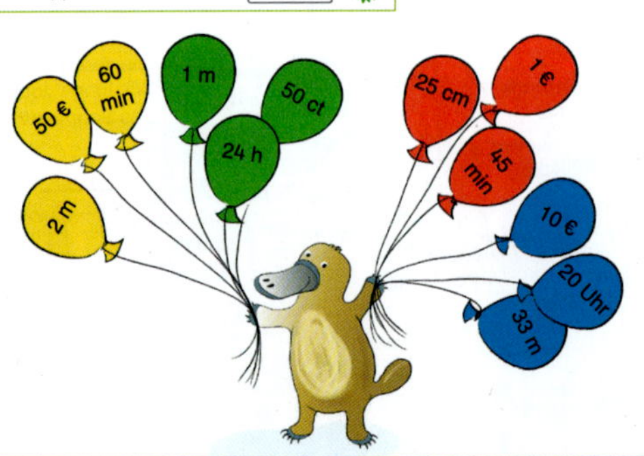

1 Lies die Preise ab und schreibe sie auf.

Die Fußballschuhe kosten ______________________________

Die Schienbeinschoner kosten ______________________________

Die Jeans kostet ______________________________

Die Sporttasche kostet ______________________________

2 Welche Aussagen stimmen? Kreuze an.

- (X) Die Torwarthandschuhe sind günstiger als die Sporttasche.
- ( ) Die Fußballhose ist teurer als das Trikot.
- ( ) Die Fußballschuhe sind am teuersten.
- ( ) Die Shorts ist günstiger als der Rock.
- ( ) Der Fußball kostet genauso viel Euro wie die Kappe und das T-Shirt zusammen.

1 Löse die Aufgaben mit Hilfe der Preisangaben von Seite 25.
Finde einen Lösungsweg (L) und schreibe die Antwort (A) auf.

Frage (F) lesen
Lösungsweg (L) finden
Antwort (A) aufschreiben

a) Anna kauft Fußballschuhe und eine Kappe.

F: Wie viel Euro muss sie bezahlen?
L:

84 € + 7 € =

A: ______________________________

b) Samuel kauft neue Torwarthandschuhe und eine Sporttasche.

F: Wie viel Euro muss er bezahlen?
L:

A: ______________________________

c) Raad wünscht sich einen Fußball, ein Fußballtrikot und eine Fußballhose.

F: Wie viel Euro kostet das zusammen?
L:

A: ______________________________

d) Melek kauft eine neue Jeans und ein T-Shirt.

F: Wie viel Euro muss sie bezahlen?
L:

A: ______________________________

e) Jan kauft neue Schuhe und einen Pullover.

F: Wie viel Euro muss er bezahlen?
L:

A: ______________________________

f) Lynn braucht einen neuen Rock, eine Shorts und eine Jacke.

F: Wie viel Euro kostet das zusammen?
L:

A: ______________________________

1 Schreibe eine passende Frage (F) auf. Finde dann einen Lösungsweg (L) und schreibe die Antwort (A) auf.

a) Anna kauft einen Füller für 16 €. Sie bezahlt mit einem 20-€-Schein.

F: Wie viel Geld bekommt sie zurück?

L:

A: ______________________________

b) Herr Laubis kauft für seine zweite Klasse einen Fußball für 34 €. Er bezahlt mit einem 50-€-Schein.

F: ______________________________

L:

A: ______________________________

c) Oma kauft für ihre Enkel zum Geburtstag ein Paar Inliner für 37 € und eine Puppe für 45 €. Sie bezahlt mit einem 100-€-Schein.

F: ______________________________

L:

A: ______________________________

1 Verbinde die Uhren mit den passenden Namen. Manchmal passt ein Name für zwei Uhren.

Wanduhr	Bahnhofsuhr	Sanduhr	Stoppuhr
Sonnenuhr	Wecker	Armbanduhr	

2 Beschrifte das Ziffernblatt und die Zeiger.

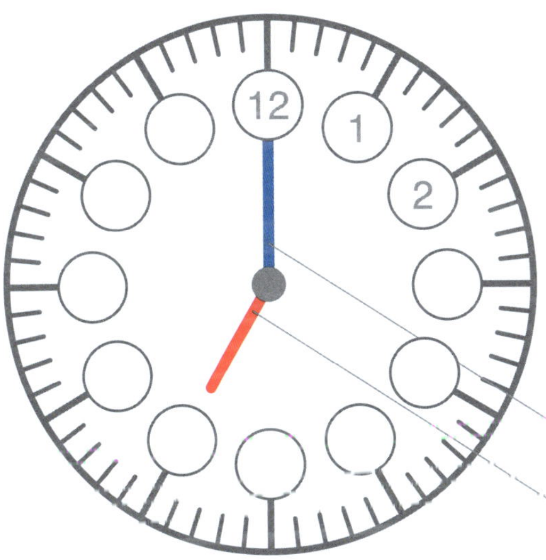

3 Schreibe die passende zweite Uhrzeit auf.

1 Uhr	2 Uhr	3 Uhr	4 Uhr	5 Uhr	6 Uhr
13 Uhr	___ Uhr	___ Uhr	___ Uhr	___ Uhr	___ Uhr
7 Uhr	8 Uhr	9 Uhr	10 Uhr	11 Uhr	12 Uhr
___ Uhr	___ Uhr	___ Uhr	___ Uhr	___ Uhr	___ Uhr

1 Wie spät ist es? Schreibe beide Uhrzeiten auf.

[7] Uhr
[19] Uhr

[ ] Uhr
[ ] Uhr

[ ] Uhr
[ ] Uhr

Zur vollen Stunde zeigt der Minutenzeiger immer zur 12.

[ ] Uhr
[ ] Uhr

[ ] Uhr
[ ] Uhr

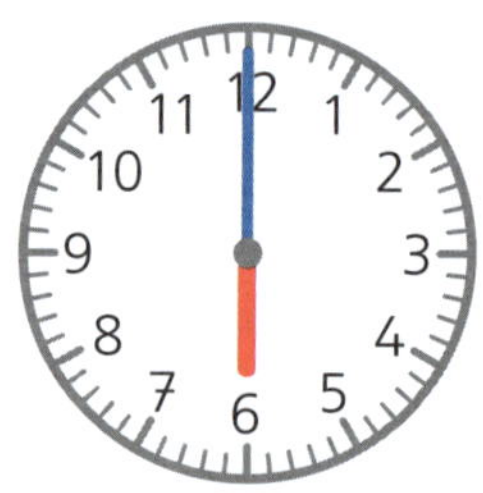

[ ] Uhr
[ ] Uhr

[ ] Uhr
[ ] Uhr

[ ] Uhr
[ ] Uhr

[ ] Uhr
[ ] Uhr

[ ] Uhr
[ ] Uhr

[ ] Uhr
[ ] Uhr

[ ] Uhr
[ ] Uhr

[ ] Uhr
[ ] Uhr

[ ] Uhr
[ ] Uhr

[ ] Uhr
[ ] Uhr

1 Zeichne die Zeiger ein und schreibe die fehlende Uhrzeit auf.

3 Uhr
15 Uhr

8 Uhr
__ Uhr

1 Uhr
__ Uhr

10 Uhr
__ Uhr

__ Uhr
19 Uhr

__ Uhr
21 Uhr

__ Uhr
16 Uhr

__ Uhr
24 Uhr

6 Uhr
__ Uhr

__ Uhr
14 Uhr

11 Uhr
__ Uhr

__ Uhr
17 Uhr

__ Uhr
13 Uhr

12 Uhr
__ Uhr

__ Uhr
15 Uhr

9 Uhr
__ Uhr

10 Uhr	10:15 Uhr	10:30 Uhr	10:45 Uhr	11 Uhr
22 Uhr	22:15 Uhr	22:30 Uhr	22:45 Uhr	23 Uhr
10 Uhr	**Viertel nach** 10	**halb** 11	**Viertel vor** 11	11 Uhr

1 Wie spät ist es? Schreibe beide Uhrzeiten auf.

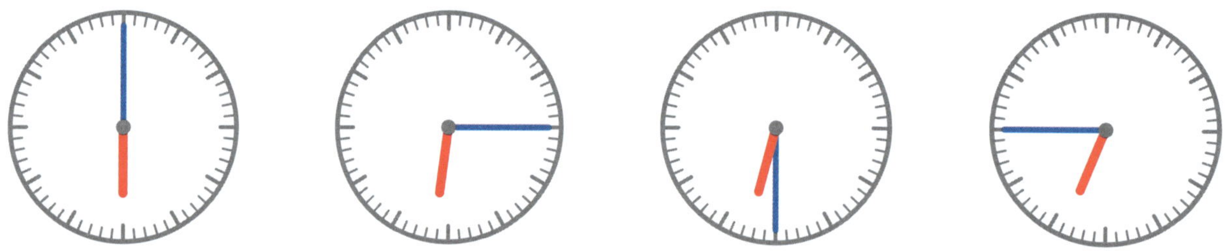

6:00 Uhr	Uhr	Uhr	Uhr
18:00 Uhr	Uhr	Uhr	Uhr

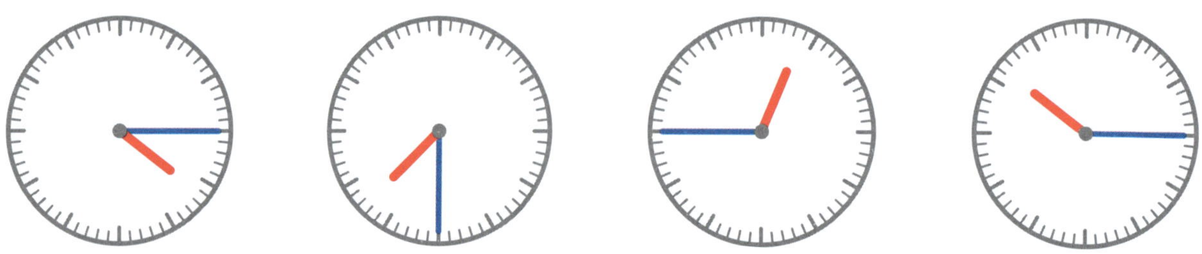

Uhr	Uhr	Uhr	Uhr
Uhr	Uhr	Uhr	Uhr

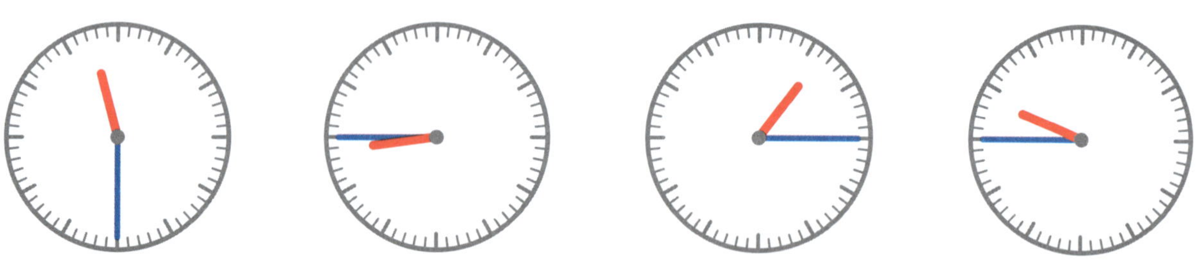

Uhr	Uhr	Uhr	Uhr
Uhr	Uhr	Uhr	Uhr

1 Zeichne die Zeiger ein und ergänze fehlende Uhrzeiten.

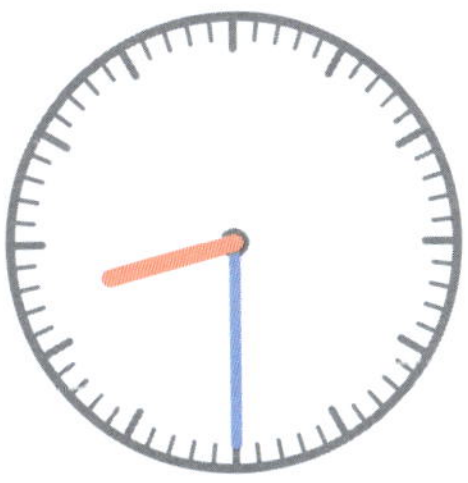 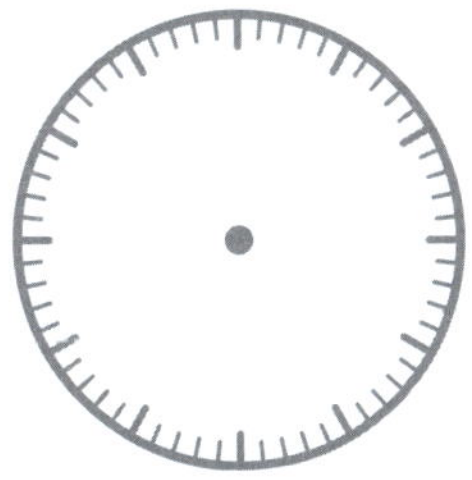 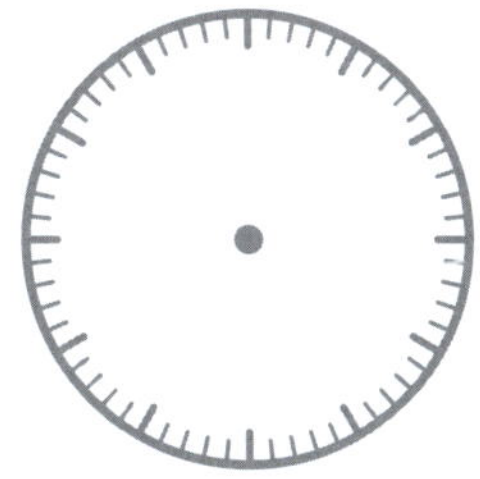 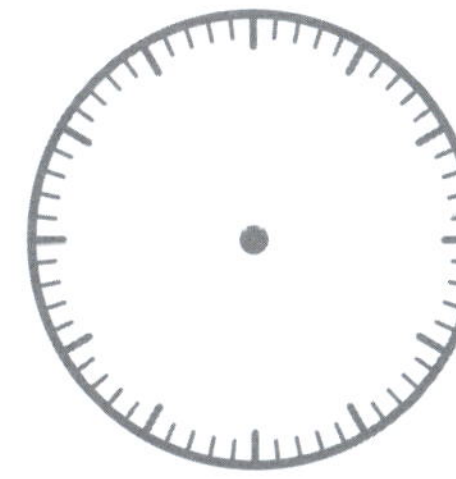

08:30 Uhr	05:15 Uhr	11:45 Uhr	02:30 Uhr
20:30 Uhr	Uhr	Uhr	Uhr

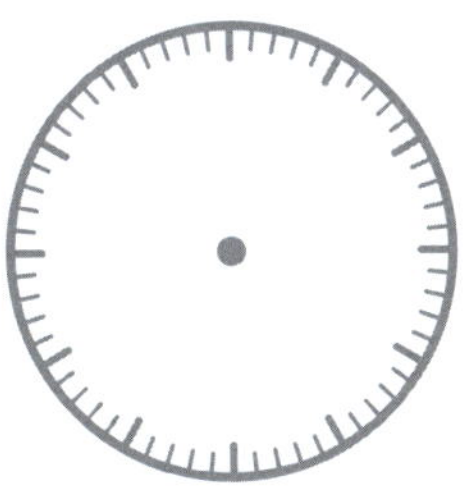 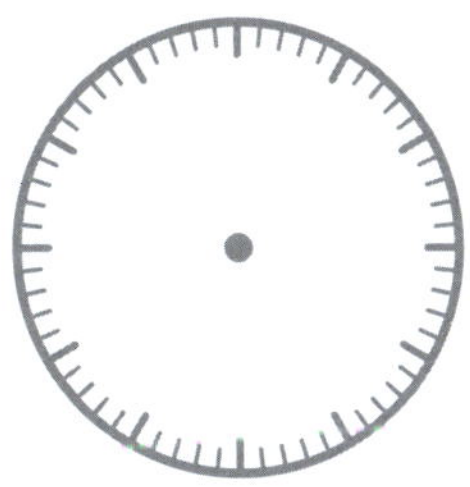 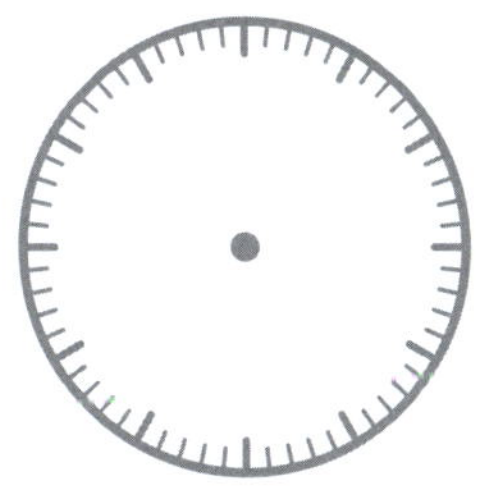 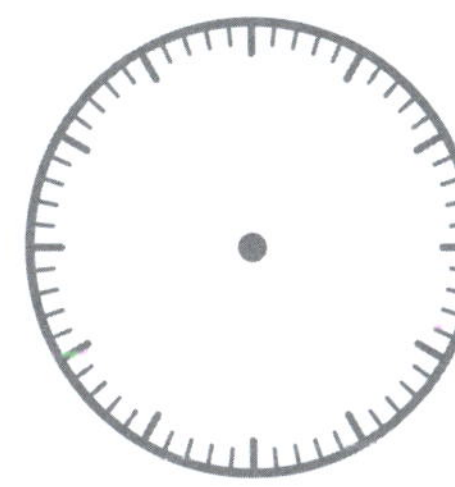

Uhr	Uhr	Uhr	Uhr
15:45 Uhr	21:30 Uhr	13:45 Uhr	18:15 Uhr

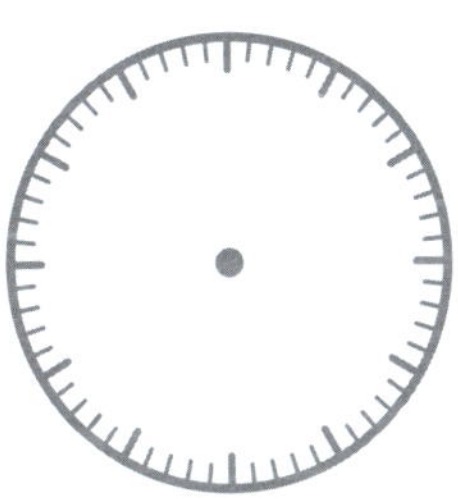 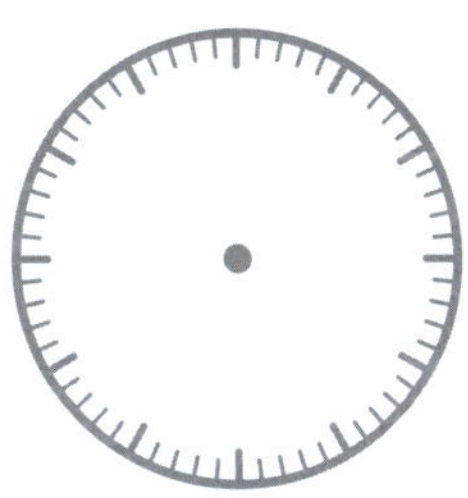 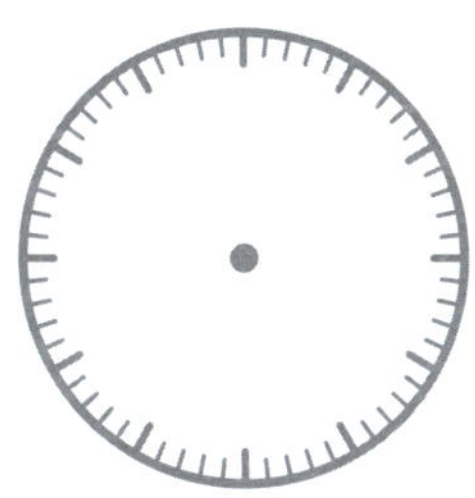 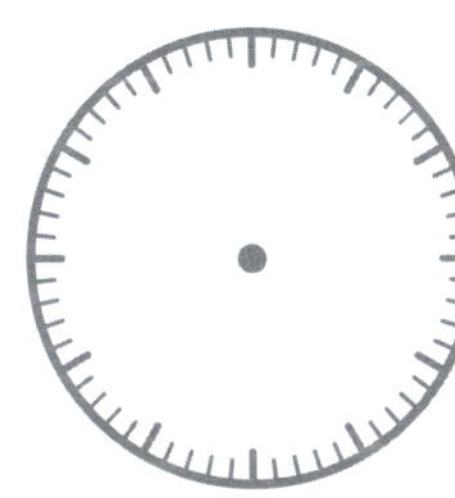

Uhr	12:15 Uhr	Uhr	11:15 Uhr
17:30 Uhr	Uhr	16:45 Uhr	Uhr

2 Zeichne die Zeiger ein.

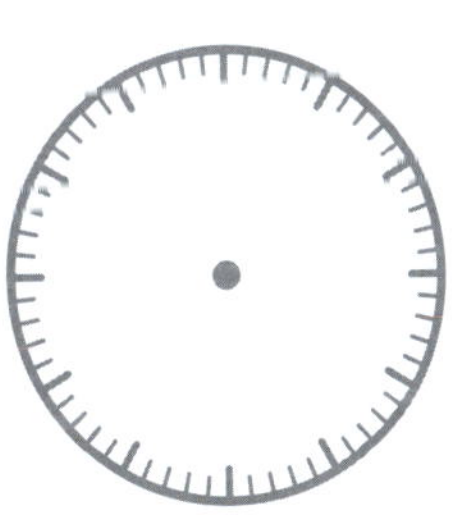 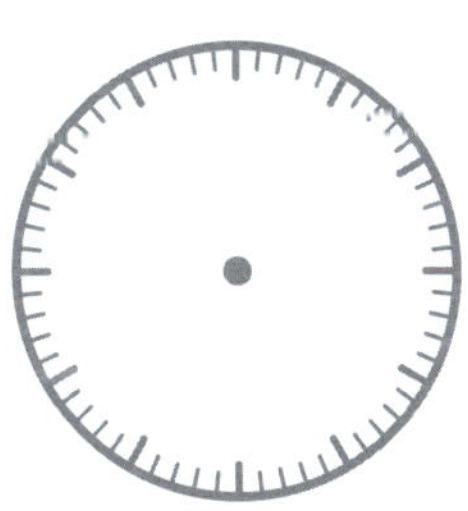 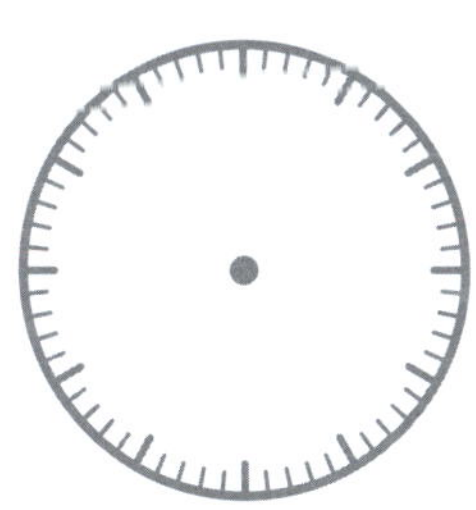 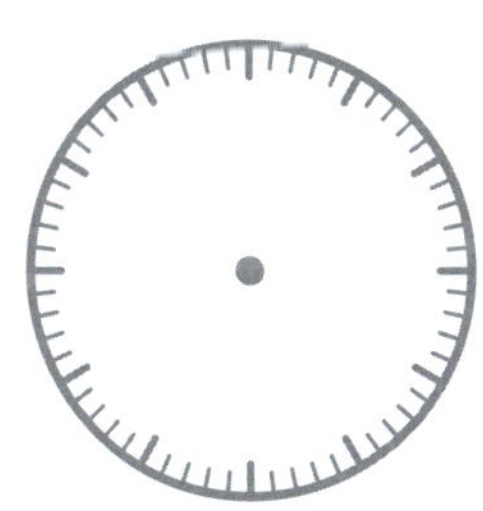

viertel nach 8	viertel vor 6	halb 4	viertel nach 2

1 Welche Uhren zeigen die gleiche Uhrzeit an?
Male die Rahmen in derselben Farbe an.

a)

11:00

3:15

12:30

7:45

b)

10:15

22:30

10:30

22:45

10:00

2 Ergänze eine passende Uhrzeit.

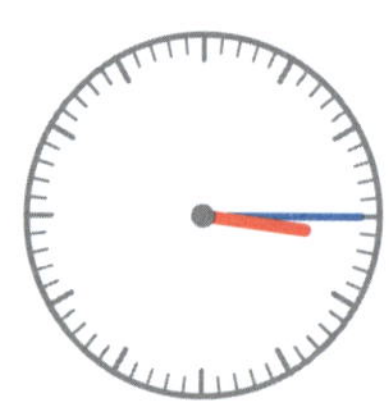

____ Uhr	____ Uhr	____ Uhr	____ Uhr	____ Uhr

3 Zeichne die Zeiger ein.

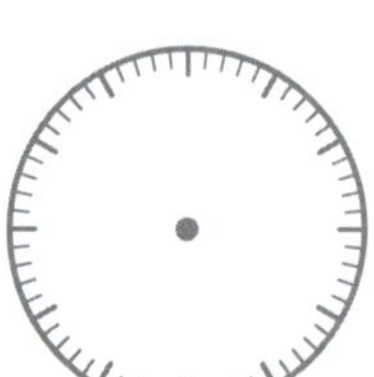

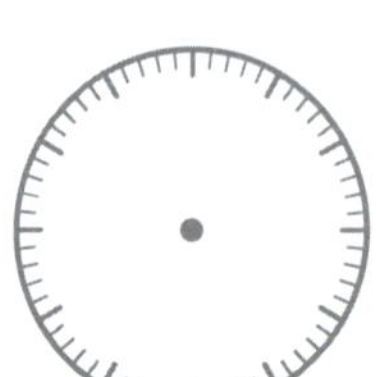

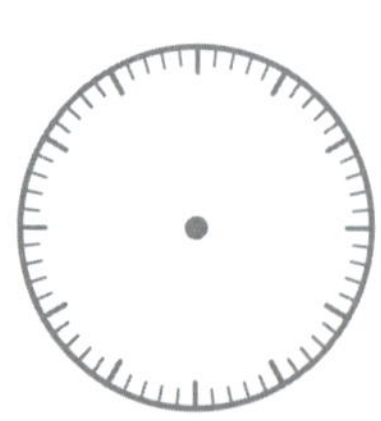

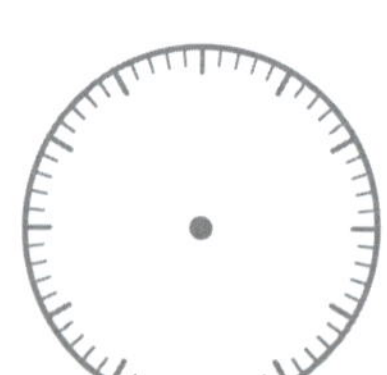

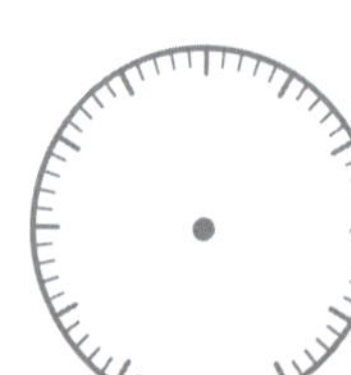

4:45 Uhr	7:15 Uhr	21:00 Uhr	13:30 Uhr	18:45 Uhr

Zeitspannen

1 Wie heißt die neue Uhrzeit?
Zeichne die fehlenden Zeiger und trage die Uhrzeit ein.

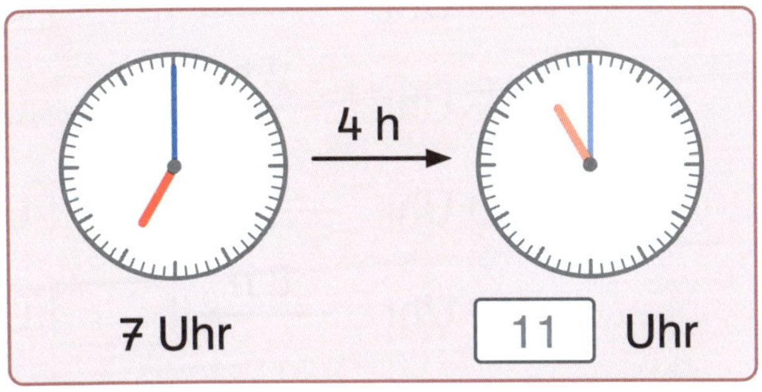

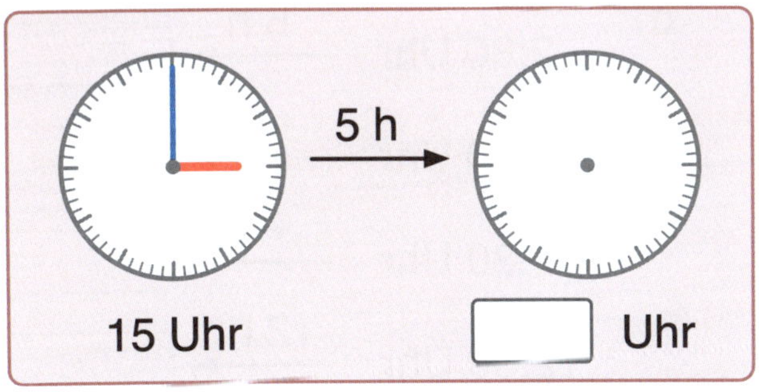

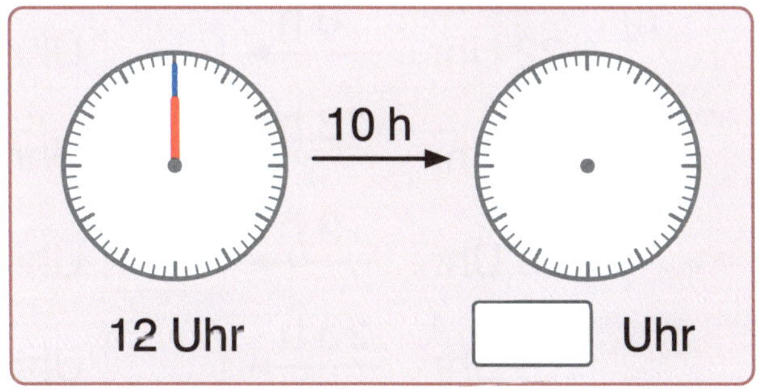

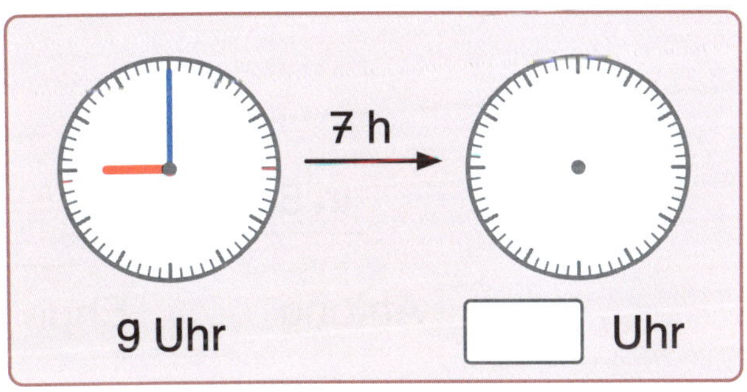

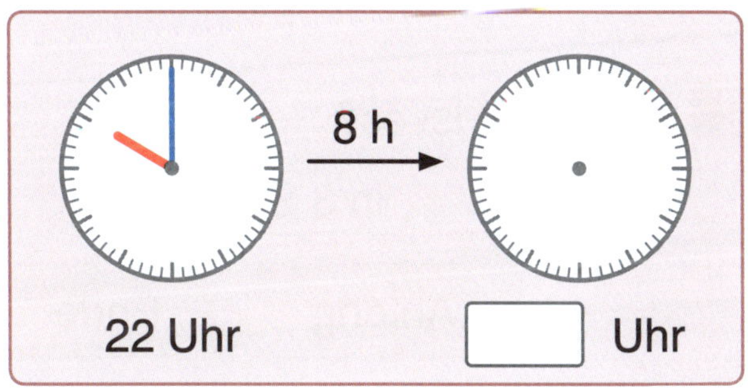

2 Wie viel Zeit ist vergangen? Schreibe.

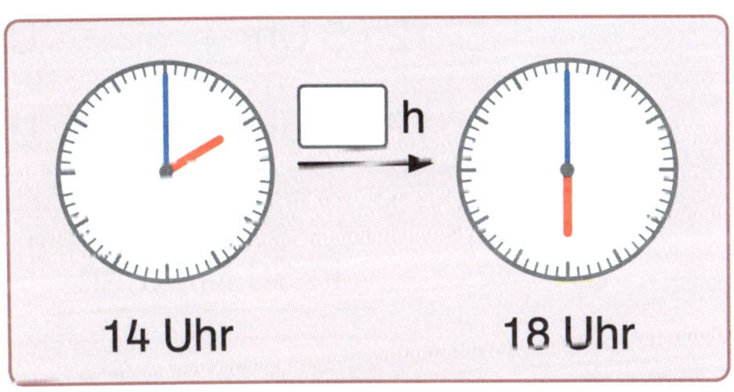

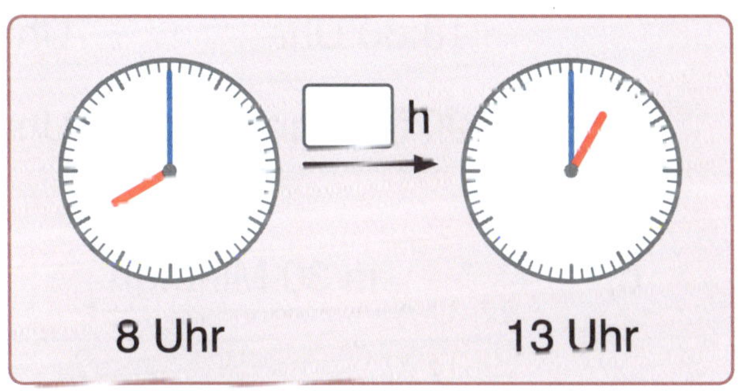

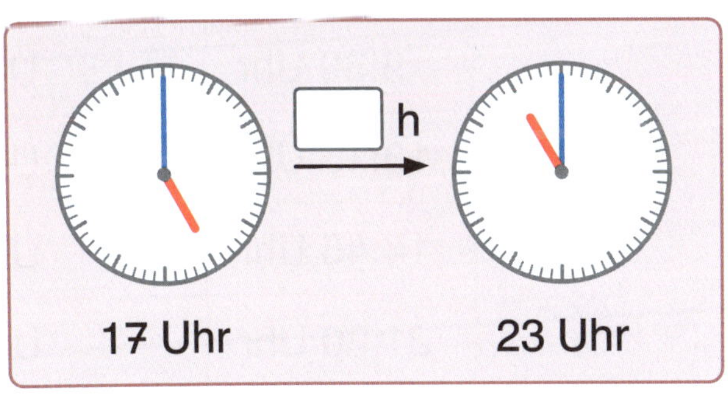

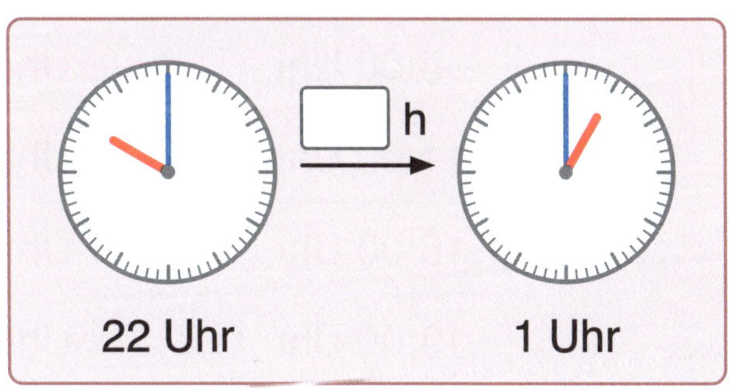

1 Wie spät ist es? Berechne die neue Uhrzeit.

a)

8 Uhr	10 h →	18 Uhr
1 Uhr	5 h →	Uhr
15 Uhr	7 h →	Uhr
19 Uhr	4 h →	Uhr

b)

4 Uhr	12 h →	Uhr
17 Uhr	2 h →	Uhr
20 Uhr	3 h →	Uhr
12 Uhr	8 h →	Uhr

c)

22 Uhr	6 h →	Uhr
9 Uhr	13 h →	Uhr
18 Uhr	9 h →	Uhr
6 Uhr	23 h →	Uhr

d)

2:30 Uhr	6 h →	Uhr
19:30 Uhr	4 h →	Uhr
7:30 Uhr	7 h →	Uhr
12:30 Uhr	12 h →	Uhr

2 Wie spät ist es?

a) in 3 Stunden →

Anfang	Ende
15:30 Uhr	18:30 Uhr
16:30 Uhr	Uhr
18:30 Uhr	Uhr
20:30 Uhr	Uhr

b) in 5 Stunden →

Anfang	Ende
5:45 Uhr	10:45 Uhr
10:45 Uhr	Uhr
12:45 Uhr	Uhr
17:45 Uhr	Uhr

c) in 30 Minuten →

Anfang	Ende
8:00 Uhr	8:30 Uhr
11:00 Uhr	Uhr
15:00 Uhr	Uhr
19:00 Uhr	Uhr

d) in 30 Minuten →

Anfang	Ende
9:30 Uhr	10:00 Uhr
13:15 Uhr	Uhr
14:45 Uhr	Uhr
21:30 Uhr	Uhr

1 Wie viele Stunden sind vergangen? Rechne.

a)

2 Uhr → □ h → 11 Uhr

16 Uhr → □ h → 21 Uhr

13 Uhr → □ h → 23 Uhr

5 Uhr → □ h → 19 Uhr

b)

10 Uhr → □ h → 17 Uhr

18 Uhr → □ h → 24 Uhr

23 Uhr → □ h → 1 Uhr

20 Uhr → □ h → 7 Uhr

2 Ergänze.

a)

□ Uhr → 9 h → 16 Uhr

□ Uhr → 5 h → 10 Uhr

□ Uhr → 3 h → 5 Uhr

□ Uhr → 8 h → 20 Uhr

b)

14 Uhr → 7 h → □ Uhr

8 Uhr → □ h → 19 Uhr

□ Uhr → 6 h → 15 Uhr

4 Uhr → □ h → 18 Uhr

3 Wie viel Zeit ist vergangen?

a)

Anfang	Dauer →	Ende
4:00 Uhr	4 h	8:00 Uhr
9:00 Uhr		17:00 Uhr
13:00 Uhr		22:00 Uhr
18:00 Uhr		1:00 Uhr

b)

Anfang	Dauer →	Ende
14:30 Uhr	5 h	19:30 Uhr
6:15 Uhr		12:15 Uhr
13:45 Uhr		15:45 Uhr
23:30 Uhr		3:30 Uhr

c)

Anfang	Dauer →	Ende
16:00 Uhr	30 min	16:30 Uhr
8:15 Uhr		8:45 Uhr
15:45 Uhr		16:15 Uhr
23:30 Uhr		0:00 Uhr

1 Ergänze den Lösungsweg (L) mit dem Pfeilbild.
Schreibe eine Antwort (A) auf.

Frage (F)
Lösungsweg (L)
Antwort (A)

a) Lina geht um 16 Uhr zum Kinderturnen. Nach 2 Stunden kommt sie wieder nach Hause.

F: Um wie viel Uhr kommt Lina nach Hause?
L:

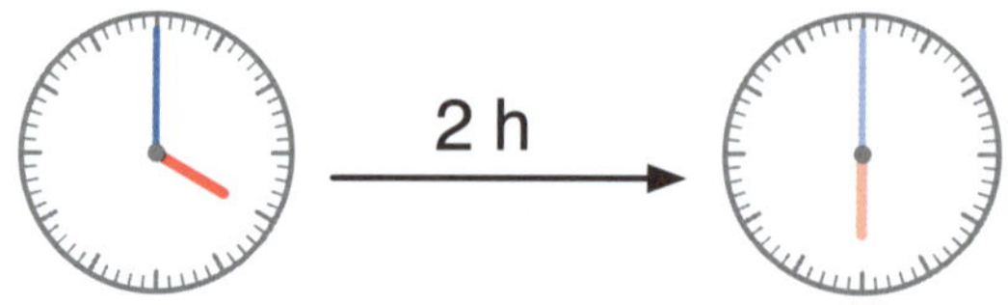

A: ______________________________

b) Luca darf heute zu seiner Oma. Um 9 Uhr geht er zu ihr und um 17 Uhr verabschiedet er sich.

F: Wie viele Stunden war Luca bei seiner Oma?
L:

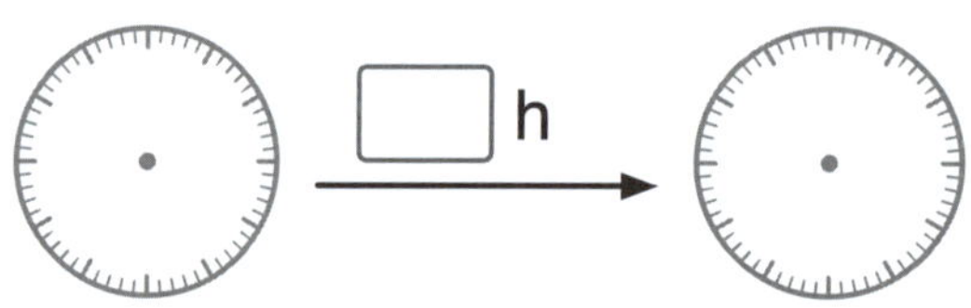

A: ______________________________

c) Sarah ist 4 Stunden bei ihrer Freundin.
Um 19 Uhr ist sie wieder nach Hause gekommen.

F: Um wie viel Uhr ging Sarah zu ihrer Freundin?
L:

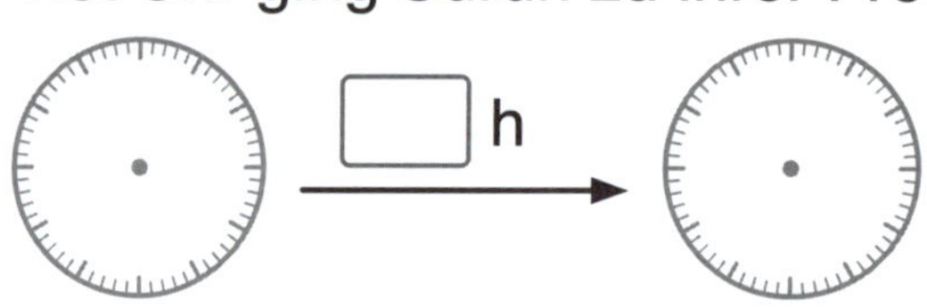

A: ______________________________

d) Mirco und sein Freund Lars gehen um 14 Uhr zum Fußballplatz.
Um 17 Uhr gehen sie wieder nach Hause.

F: Wie lange waren Mirco und Lars auf dem Fußballplatz?
L:

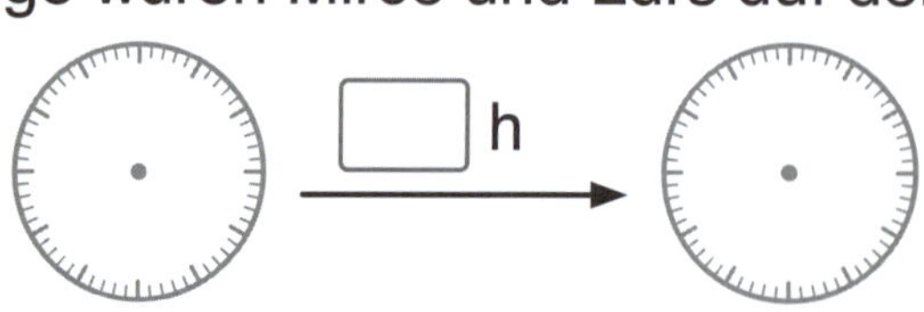

A: ______________________________

1 Ergänze den Lösungsweg (L) mit dem Pfeilbild.
Finde eine Frage (F) und schreibe eine Antwort (A) auf.

a) Paul übt 30 min Flöte. Um 15:00 Uhr hat er angefangen.

F:

L:

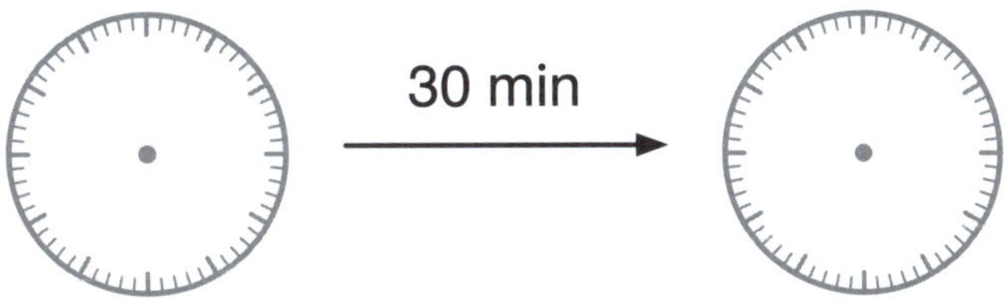

A:

b) Lisa fängt um 14:30 Uhr mit ihren Hausaufgaben an.
Um 15:00 Uhr ist sie fertig.

F:

L:

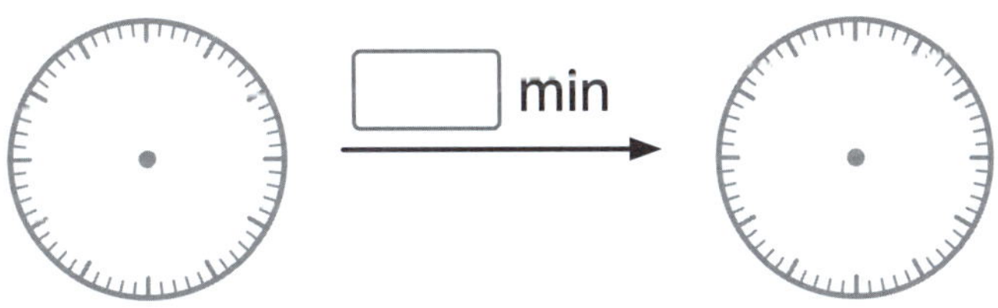

A:

c) Mara trainiert Seilhüpfen. Heute schafft sie es von 17:30 Uhr bis 17:45 Uhr.

F:

L:

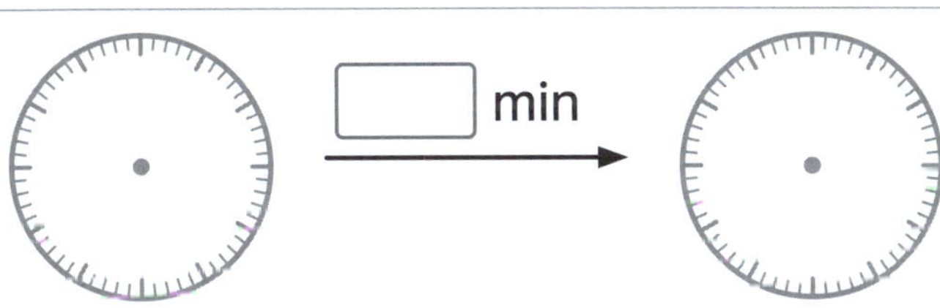

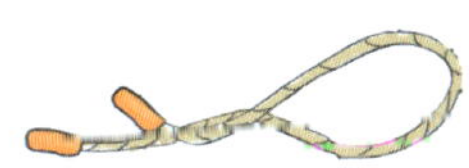

A:

d) Familie Müller ist 4 h 30 min gewandert. Um 13:30 Uhr ist sie losgegangen.

F:

L:

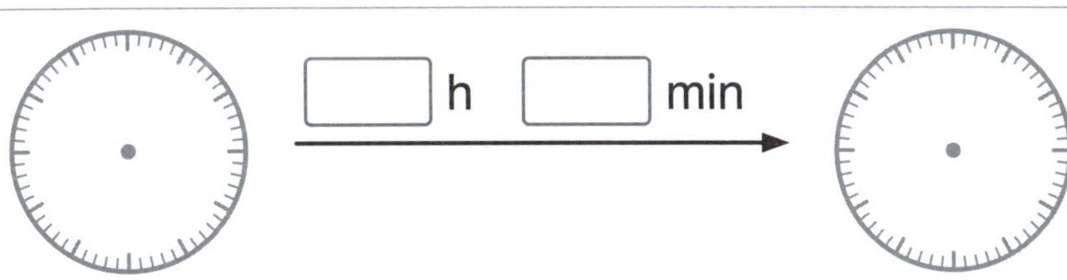

A:

2026

Januar

Mo	Di	Mi	Do	Fr	Sa	So
			1	2	3	4
5	6	7	8	9	10	11
12	13	14	15	16	17	18
19	20	21	22	23	24	25
26	27	28	29	30	31	

Februar

Mo	Di	Mi	Do	Fr	Sa	So
						1
2	3	4	5	6	7	8
9	10	11	12	13	14	15
16	17	18	19	20	21	22
23	24	25	26	27	28	

März

Mo	Di	Mi	Do	Fr	Sa	So
						1
2	3	4	5	6	7	8
9	10	11	12	13	14	15
16	17	18	19	20	21	22
23	24	25	26	27	28	29
30	31					

April

Mo	Di	Mi	Do	Fr	Sa	So
		1	2	3	4	5
6	7	8	9	10	11	12
13	14	15	16	17	18	19
20	21	22	23	24	25	26
27	28	29	30			

Mai

Mo	Di	Mi	Do	Fr	Sa	So
				1	2	3
4	5	6	7	8	9	10
11	12	13	14	15	16	17
18	19	20	21	22	23	24
25	26	27	28	29	30	31

Juni

Mo	Di	Mi	Do	Fr	Sa	So
1	2	3	4	5	6	7
8	9	10	11	12	13	14
15	16	17	18	19	20	21
22	23	24	25	26	27	28
29	30					

Juli

Mo	Di	Mi	Do	Fr	Sa	So
		1	2	3	4	5
6	7	8	9	10	11	12
13	14	15	16	17	18	19
20	21	22	23	24	25	26
27	28	29	30	31		

August

Mo	Di	Mi	Do	Fr	Sa	So
					1	2
3	4	5	6	7	8	9
10	11	12	13	14	15	16
17	18	19	20	21	22	23
24	25	26	27	28	29	30
31						

September

Mo	Di	Mi	Do	Fr	Sa	So
	1	2	3	4	5	6
7	8	9	10	11	12	13
14	15	16	17	18	19	20
21	22	23	24	25	26	27
28	29	30				

Oktober

Mo	Di	Mi	Do	Fr	Sa	So
			1	2	3	4
5	6	7	8	9	10	11
12	13	14	15	16	17	18
19	20	21	22	23	24	25
26	27	28	29	30	31	

November

Mo	Di	Mi	Do	Fr	Sa	So
						1
2	3	4	5	6	7	8
9	10	11	12	13	14	15
16	17	18	19	20	21	22
23	24	25	26	27	28	29
30						

Dezember

Mo	Di	Mi	Do	Fr	Sa	So
	1	2	3	4	5	6
7	8	9	10	11	12	13
14	15	16	17	18	19	20
21	22	23	24	25	26	27
28	29	30	31			

Eine Woche hat 7 Tage.

1 Wie heißen die Wochentage? Schreibe sie der Reihe nach auf.

1. Montag ____________
2. ____________
3. ____________
4. ____________
5. ____________
6. ____________
7. ____________

2 Schreibe den Wochentag zum Datum auf. Schau im Kalender 2026 nach.

26. September Samstag ____________ 6. März ____________

3. Februar ____________ 13. Mai ____________

24. Dezember ____________ 25. April ____________

3 Ergänze die fehlenden Wochentage.

gestern war …	heute ist …	morgen ist …	übermorgen ist …
Sonntag	Montag	Dienstag	
Mittwoch			
		Donnerstag	
			Dienstag

1 Wie heißen die Monate? Schreibe sie der Reihe nach auf.

1. Januar	7. ____
2. ____	8. ____
3. ____	9. ____
4. ____	10. ____
5. ____	11. ____
6. ____	12. ____

2 Schreibe die passenden Monatsnamen auf.

a) Monate mit genau 31 Tagen

____

____

b) Monate mit genau 30 Tagen

____

____

c) Monat mit genau 28 oder 29 Tagen

____

3 Heute ist Samstag, der 16. Mai. Welcher Wochentag und welches Datum ist es …

Samstag
16.
Mai

a) In 2 Tagen? Montag, 18. Mai

b) in 7 Tagen? ____________________

c) in 10 Tagen? ____________________

1 Auf dem Kalenderblatt steht das Datum für die Aufgabe.
Löse die Aufgaben mit Hilfe des Kalenders von Seite 40 und schreibe die Antwort (A) auf.

a) Am kommenden Mittwoch hat Rojin einen Arzttermin.

Freitag
23.
Oktober

F: An welchem Datum ist der Termin?

A: ______________________________

b) Mason geht am 30. Mai mit seinem Vater ins Kino.

Dienstag
12.
Mai

F: Wie lange muss er noch warten?

A: ______________________________

c) Lena freut sich schon wieder auf Weihnachten.

Freitag
24.
April

F: Wie lange muss sie noch warten?

A: ______________________________

d) Malea hat in genau 10 Monaten Geburtstag.

Donnerstag
1.
Januar

F: Wann hat sie Geburtstag?

A: ______________________________

e) Thorsten und Jens fahren heute für 10 Tage mit ihren Eltern zelten.

Samstag
22.
August

F: Wann kommen sie zurück?

A: ______________________________

1 Löse die Aufgaben mit Hilfe des Kalenders von Seite 40 und schreibe die Antwort (A) auf.

a) Merle feiert mit ihren Freundinnen am 14. März ihren Geburtstag nach. Ihr Geburtstag war vor 4 Tagen.

F: Wann hatte Merle Geburtstag?

A: ______________________________

b) Lasse fährt am 28. Juli für 2 Wochen in die Sommerferien.

F: Wann fährt er wieder nach Hause?

A: ______________________________

c) Rebecca und Johanna unterhalten sich über die Monatsnamen. Johanna behauptet: „Drei Monate nach dem März kommt der Mai.“

F: Stimmt Johannas Behauptung?

A: ______________________________

d) Efe hat zwei wichtige Fußballspiele. Das erste ist am 13. Oktober, das zweite ist am 3. November.

F: Wie viele Wochen sind es vom ersten bis zum zweiten Spiel?

A: ______________________________

e) Anke hat am 29. Mai Geburtstag und Ulrike am 29. Juni. Maik behauptet: „Dann habt ihr beide an einem Freitag Geburtstag.“

F: Stimmt Maiks Behauptung?

A: ______________________________

____

1 Betrachte das Bild auf Seite 44 und 45 genau. Schreibe die Antwort zu den Fragen. Streiche die Fragen durch, die du nicht beantworten kannst.

Wie viele Kinder sind in einer Mannschaft beim Völkerballspiel?

A: ______________________

Wie weit springt Lisa beim Weitsprung?

A: ______________________

Wie lange dauert das Sportfest?

A: ______________________

Wer gewinnt den Pokal?

A: ______________________

Wie viele Kinder sind beim Seilziehen?

A: ______________________

1 Finde einen Lösungsweg (L) und schreibe eine Antwort (A) auf.

Frage (F)
Lösungsweg (L)
Antwort (A)

a) Mats wirft den Ball 18 m weit, Leon wirft ihn 6 m weiter.

F: Wie weit wirft Leon den Ball?
L:

A: ________________________________

b) Lena wirft den Ball 19 m weit, Malea wirft ihn 23 m weit.

F: Wie viel Meter wirft Malea weiter als Lena?
L:

A: ________________________________

c) Denis wirft den Ball 17 m weit, Mia wirft 19 m und Sarah wirft 15 m. Sarah behauptet: „Zusammen haben wir über 50 m weit geworfen!“

F: Hat Sarah recht?
L:

A: ________________________________

1 Finde eine Frage (F), einen Lösungsweg (L) und schreibe eine Antwort (A) auf. Die Preise findest du auf Seite 45.

a) Karla kauft zwei Eistee, eine Grillwurst und einen Muffin.

F: ______________________________

L:

A: ______________________________

b) Das Völkerballturnier beginnt um 10.00 Uhr.
Um 11.30 Uhr ist die Siegerehrung.

F: ______________________________

L:

A: ______________________________

c) Am 50-m-Lauf haben insgesamt 86 Kinder teilgenommen.
13 Mädchen und 18 Jungen sind schneller als 10 Sekunden gelaufen.

F: ______________________________

L:

A: ______________________________

1 Ergänze die Sätze mit den Größenangaben. Die Ballons helfen dir. Male die Ballons mit der passenden Farbe an.

Zeit

1 Stunde sind ______ .

Ein Tag hat ______ .

Eine Schulstunde dauert ______ .

Die zweite Uhrzeit von 8 Uhr heißt ______ .

Längen

100 cm sind ______ .

Eine Tür ist etwa ______ hoch.

Ein Blauwal ist etwa ______ lang.

Die Hälfte von 50 cm sind ______ .

Geld

100 ct sind ______ .

Ein Buch kostet etwa ______ .

Die Hälfte von 100 € sind ______ .

Das Doppelte von 25 ct sind ______ .

Das Schnabeltier begleitet die Kinder durch alle Problemstellen bei Größen und Sachrechnen.

Themenübersicht Heft 3:

Größen 	Geld 
Längen 	Uhr 
Sachaufgaben 	Kalender 

Deutsch mit Rico Schnabel

Silbierte Ausgabe:

Bestell-Nr. 2200-43
ISBN 978-3-619-22043-4

Bestell-Nr. 2200-44
ISBN 978-3-619-22044-1

Bestell-Nr. 2200-45
ISBN 978-3-619-22045-8

Unsilbierte Ausgabe:

Bestell-Nr. 2200-40
ISBN 978-3-619-22040-3

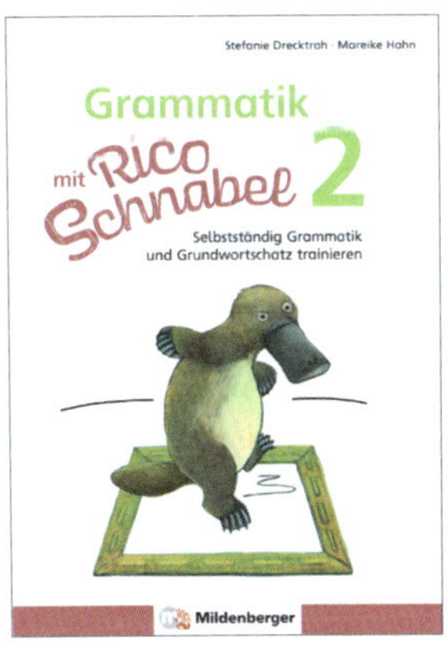

Bestell-Nr. 2200-41
ISBN 978-3-619-22041-0

Bestell-Nr. 2200-42
ISBN 978-3-619-22042-7

momox
momox.com/sale
A-kfv9ac

Die Reihe **Rechnen mit Rico Schnabel** ermöglicht das selbstständige Trainieren aller in den Lehrplänen verankerten mathematischen Themen. Diese werden in kleinen Lerneinheiten aufbereitet und gezielt geübt. Rico Schnabel ist lehrwerksunabhängig und eignet sich zum individuellen Arbeiten in der Schule oder zu Hause.

Das Übungsheft 3 **„Selbstständig Größen und Sachrechnen trainieren"** beinhaltet:

- ein gezieltes Training von Sachaufgaben und Übungen zu Längen, Geld und Zeit
- selbsterklärende Aufgabensymbole
- einfache und sich wiederholende Aufgabenformate
- einen Lösungsbeileger als Möglichkeit der Selbstkontrolle

Rechnen mit dem liebenswerten Schnabeltier Rico Schnabel ebnet für jedes Kind den Weg durch die Welt der Zahlen!

2500-42 ISBN 978-3-619-25402-6

9 783619 254026

Thomas Laubis · Wiebke Meyer

Heft 3

Rechnen mit Rico Schnabel 2

Selbstständig Größen
und Sachrechnen trainieren

Mildenberger

Rechnen mit Rico Schnabel

Bestell-Nr. **1500-40**
ISBN 978-3-619-15400-5

Bestell-Nr. **1500-41**
ISBN 978-3-619-15401-2

Bestell-Nr. **1500-42**
ISBN 978-3-619-15402-9

Bestell-Nr. **2500-40**
ISBN 978-3-619-25399-9

Bestell-Nr. **2500-41**
ISBN 978-3-619-25401-9

Aufgabensymbole:

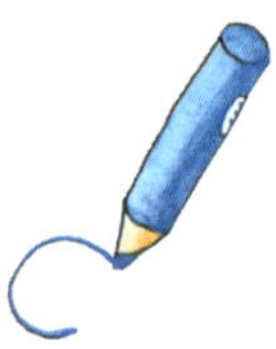

Einkreisen/ Bündeln

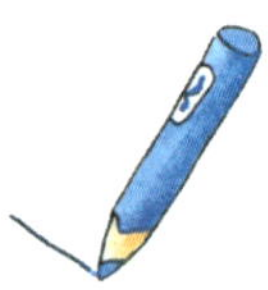

Verbinden/ Wegstreichen

Anmalen/ Zeichnen

Ankreuzen

3

Neu vorkommende Aufgabenformate sind durch eine farbig hinterlegte Seitenzahl markiert.

Bestell-Nr. 2500-42 · ISBN 978-3-619-25402-6

© 2023 Mildenberger Verlag GmbH, 77610 Offenburg
www.mildenberger-verlag.de
E-Mail: info@mildenberger-verlag.de

Auflage 4 3 2 1
Jahr 2026 2025 2024 2023

Redaktion: Alexandra Frank
Grafik: Mildenberger Verlag GmbH
Illustrationen: Heidrun Boddin, 22763 Hamburg
Heike Treiber, 79199 Kirchzarten

Druck: Linsen Druckcenter GmbH, 47533 Kleve
Gedruckt auf umweltfreundlichen Papieren

Das Werk und seine Teile sind urheberrechtlich geschützt. Jede Nutzung in anderen als den gesetzlich zugelassenen Fällen bedarf der vorherigen schriftlichen Einwilligung des Verlages.
Hinweis zu § 52a UrhG: Weder das Werk noch seine Teile dürfen ohne eine solche Einwilligung eingescannt und in ein Netzwerk eingestellt werden. Dies gilt auch für Intranets von Schulen und sonstigen Bildungseinrichtungen.

Bezugsmöglichkeiten
Alle Titel des Mildenberger Verlags erhalten Sie unter www.mildenberger-verlag.de oder im Buchhandel.
Jede Buchhandlung kann alle Titel direkt über den Mildenberger Verlag beziehen.
Ausnahmen kann es bei Titeln mit Lösungen geben: Hinweise hierzu finden Sie in unserem aktuellen Gesamtprogramm.